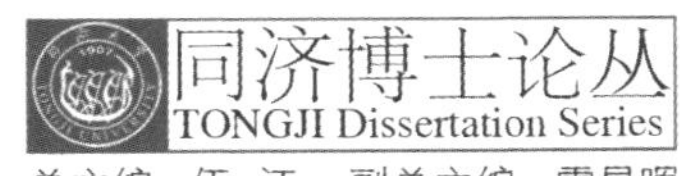

总主编 伍 江 副总主编 雷星晖

洪中华 童小华 著

基于高分辨率卫星遥感的震害损失实物量精细化评估理论与方法

Theory and Methods for Precise Assessment of Earthquake-induced Disaster Damages Using High Resolution Satellite Imagery

内 容 提 要

本书以震害损失(房屋倒塌、铁路受损、人员伤亡)为研究对象,以三维震害精细化评估为研究目的,以地面监测数据和高分辨率卫星遥感影像为基础数据,以震害定位—提取—评估为研究主线,研究了基于高分辨率卫星遥感立体影像的立体定位偏差修正模型、基于高分辨率卫星立体影像的房屋倒塌三维评估、震后铁路受损评估、震后人员伤亡评估,形成了基于高分辨率卫星遥感立体影像的地震灾害损失实物量三维精细化评估理论和方法,开发了自主知识产权的地震灾害评估遥感处理系统。

本书可作为从事高分辨率卫星遥感和灾害损失实物量精细化评估方向研究人员的参考用书。

图书在版编目(CIP)数据

基于高分辨率卫星遥感的震害损失实物量精细化评估理论与方法 / 洪中华,童小华著. — 上海 :同济大学出版社,2017.8

(同济博士论丛 / 伍江总主编)

ISBN 978-7-5608-7267-4

Ⅰ. ①基… Ⅱ. ①洪… ②童… Ⅲ. ①高分辨率—卫星遥感—应用—地震灾害—损失—评估 Ⅳ. ①P316

中国版本图书馆 CIP 数据核字(2017)第 189095 号

基于高分辨率卫星遥感的震害损失实物量精细化评估理论与方法

洪中华 童小华 著

出品人 华春荣 责任编辑 熊磊丽 助理编辑 翁 晗

责任校对 徐春莲 封面设计 陈益平

出版发行 同济大学出版社 www.tongjipress.com.cn

(地址:上海市四平路 1239 号 邮编:200092 电话:021-65985622)

经 销 全国各地新华书店

排版制作 南京展望文化发展有限公司

印 刷 浙江广育爱多印务有限公司

开 本 787 mm×1092 mm 1/16

印 张 9.75

字 数 195000

版 次 2017 年 8 月第 1 版 2017 年 8 月第 1 次印刷

书 号 ISBN 978-7-5608-7267-4

定 价 68.00 元

“同济博士论丛”编写领导小组

“同济博士论丛”编辑委员会

袁万城　莫天伟　夏四清　顾　明　顾祥林　钱梦騄
徐　政　徐　鉴　徐立鸿　徐亚伟　凌建明　高乃云
郭忠印　唐子来　阎耀保　黄一如　黄宏伟　黄茂松
戚正武　彭正龙　葛耀君　董德存　蒋昌俊　韩传峰
童小华　曾国荪　楼梦麟　路秉杰　蔡永洁　蔡克峰
薛　雷　霍佳震

秘书组成员：谢永生　赵泽毓　熊磊丽　胡晗欣　卢元姗　蒋卓文

总 序

在同济大学110周年华诞之际，喜闻“同济博士论丛”将正式出版发行，倍感欣慰。记得在100周年校庆时，我曾以《百年同济，大学对社会的承诺》为题作了演讲，如今看到付梓的“同济博士论丛”，我想这就是大学对社会承诺的一种体现。这110部学术著作不仅包含了同济大学近10年100多位优秀博士研究生的学术科研成果，也展现了同济大学围绕国家战略开展学科建设、发展自我特色，向建设世界一流大学的目标迈出的坚实步伐。

坐落于东海之滨的同济大学，历经110年历史风云，承古续今、汇聚东西，秉持“与祖国同行、以科教济世”的理念，发扬自强不息、追求卓越的精神，在复兴中华的征程中同舟共济、砥砺前行，谱写了一幅幅辉煌壮美的篇章。创校至今，同济大学培养了数十万工作在祖国各条战线上的人才，包括人们常提到的贝时璋、李国豪、裘法祖、吴孟超等一批著名教授。正是这些专家学者培养了一代又一代的博士研究生，薪火相传，将同济大学的科学研究和学科建设一步步推向高峰。

大学有其社会责任，她的社会责任就是融入国家的创新体系之中，成为国家创新战略的实践者。党的十八大以来，以习近平同志为核心的党中央高度重视科技创新，对实施创新驱动发展战略作出一系列重大决策部署。党的十八届五中全会把创新发展作为五大发展理念之首，强调创新是引领发展的第一动力，要求充分发挥科技创新在全面创新中的引领作用。要把创新驱动发展作为国家的优先战略，以科技创新为核心带动全面创新，以体制机制改革激发创新活力，以高效率的创新体系支撑高水平的创新型国家建设。作为人才培养和科技创新的重要平台，大学是国家创新体系的重要组成部分。同济大学理当围绕国家战略目标的实现，作出更大的贡献。

大学的根本任务是培养人才，同济大学走出了一条特色鲜明的道路。无论是本科教育、研究生教育，还是这些年摸索总结出的导师制、人才培养特区，"卓越人才培养"的做法取得了很好的成绩。聚焦创新驱动转型发展战略，同济大学推进科研管理体系改革和重大科研基地平台建设。以贯穿人才培养全过程的一流创新创业教育助力创新驱动发展战略，实现创新创业教育的全覆盖，培养具有一流创新力、组织力和行动力的卓越人才。"同济博士论丛"的出版不仅是对同济大学人才培养成果的集中展示，更将进一步推动同济大学围绕国家战略开展学科建设、发展自我特色、明确大学定位、培养创新人才。

面对新形势、新任务、新挑战，我们必须增强忧患意识，扎根中国大地，朝着建设世界一流大学的目标，深化改革，勠力前行！

万　钢

2017 年 5 月

论丛前言

承古续今，汇聚东西，百年同济秉持“与祖国同行、以科教济世”的理念，注重人才培养、科学研究、社会服务、文化传承创新和国际合作交流，自强不息，追求卓越。特别是近20年来，同济大学坚持把论文写在祖国的大地上，各学科都培养了一大批博士优秀人才，发表了数以千计的学术研究论文。这些论文不但反映了同济大学培养人才能力和学术研究的水平，而且也促进了学科的发展和国家的建设。多年来，我一直希望能有机会将我们同济大学的优秀博士论文集中整理，分类出版，让更多的读者获得分享。值此同济大学110周年校庆之际，在学校的支持下，“同济博士论丛”得以顺利出版。

“同济博士论丛”的出版组织工作启动于2016年9月，计划在同济大学110周年校庆之际出版110部同济大学的优秀博士论文。我们在数千篇博士论文中，聚焦于2005—2016年十多年间的优秀博士学位论文430余篇，经各院系征询，导师和博士积极响应并同意，遴选出近170篇，涵盖了同济的大部分学科：土木工程、城乡规划学(含建筑、风景园林)、海洋科学、交通运输工程、车辆工程、环境科学与工程、数学、材料工程、测绘科学与工程、机械工程、计算机科学与技术、医学、工程管理、哲学等。作为“同济博士论丛”出版工程的开端，在校庆之际首批集中出版110余部，其余也将陆续出版。

博士学位论文是反映博士研究生培养质量的重要方面。同济大学一直将立德树人作为根本任务，把培养高素质人才摆在首位，认真探索全面提高博士研究生质量的有效途径和机制。因此，“同济博士论丛”的出版集中展示同济大学博士研究生培养与科研成果,体现对同济大学学术文化的传承。

"同济博士论丛"作为重要的科研文献资源,系统、全面、具体地反映了同济大学各学科专业前沿领域的科研成果和发展状况。它的出版是扩大传播同济科研成果和学术影响力的重要途径。博士论文的研究对象中不少是"国家自然科学基金"等科研基金资助的项目,具有明确的创新性和学术性,具有极高的学术价值,对我国的经济、文化、社会发展具有一定的理论和实践指导意义。

"同济博士论丛"的出版,将会调动同济广大科研人员的积极性,促进多学科学术交流、加速人才的发掘和人才的成长,有助于提高同济在国内外的竞争力,为实现同济大学扎根中国大地,建设世界一流大学的目标愿景做好基础性工作。

虽然同济已经发展成为一所特色鲜明、具有国际影响力的综合性、研究型大学,但与世界一流大学之间仍然存在着一定差距。"同济博士论丛"所反映的学术水平需要不断提高,同时在很短的时间内编辑出版110余部著作,必然存在一些不足之处,恳请广大学者,特别是有关专家提出批评,为提高同济人才培养质量和同济的学科建设提供宝贵意见。

最后感谢研究生院、出版社以及各院系的协作与支持。希望"同济博士论丛"能持续出版,并借助新媒体以电子书、知识库等多种方式呈现,以期成为展现同济学术成果、服务社会的一个可持续的出版品牌。为继续扎根中国大地,培育卓越英才,建设世界一流大学服务。

伍　江

2017年5月

前言

我国是个地震多发国家，地震造成了房屋倒塌、道路损毁、人员伤亡等严重后果，而及时、有效的灾害损失实物量快速评估是实施震后救援和降低灾害损失的有效途径。灾害损失实物量评估是对受灾范围内房屋、基础设施、人口、产业、社会事业、居民财产、水域资源、土地资源等毁损实物数量和程度进行评估，本书主要研究对象是房屋倒塌、铁路受损、人员伤亡等实物量评估。

传统的灾害损失实物量评估方法主要是地方政府上报、实地调查的方式，然而该方法费时费力，难以完成灾区受损实物量的快速评估。随着遥感技术尤其是高分辨率卫星遥感技术的迅速发展和应用，利用遥感技术进行地震震害信息的获取与快速评估取得了丰富的成果，但是，现有的基于遥感变化检测技术提取的震害面积、位置等信息大多为平面二维信息，难以满足震区人员伤亡的准确评估，不利于震后医学救援物资和救护人员的科学调配，不利于灾后重建工作的高效推进。因此，需要发展更为准确的三维灾害受损实物量精细化评估理论与方法。三维精细化评估是利用三维信息对震害损失实物量进行评估，能更精确地反映房屋倒塌等震害损失实物量的程度，从而更准确地估算人员伤亡等情况。

三维灾害损失实物量精细化评估是基于高分辨率卫星遥感影像(High Resolution Satellite Imagery，HRSI)进行的。近年来，随着高分辨率卫星遥感的迅速发展，高分辨率卫星遥感构建了全天候、大范围、立体式的对地观测网络，已经初步具备震害损失实物量三维精细化评估的能力。本书提及的高分辨率卫星遥感包括高分辨率光学卫星遥感和合成孔径雷达(Synthetic Aperture Radar，SAR)，其中光学卫星遥感可提取清晰的震区震害信息，而SAR则不受恶劣天气的影响并能全天候工作，二者互为补充，可以提高震害损失实物量评估的实用化水平。

本书以震害损失实物量(房屋倒塌、铁路受损、人员伤亡)为研究对象，以三维震害精细化评估为研究目的，以地面监测数据和高分辨率卫星遥感(光学和SAR)影像为基础数据，以震害定位—提取—评估为研究主线，研究了基于高分辨率卫星遥感立体影像(包括光学立体影像、SAR立体影像、光学和SAR异源立体)的立体定位偏差修正模型、基于高分辨率卫星立体影像的房屋倒塌三维评估、震后铁路受损评估、震后人员伤亡评估，形成了基于高分辨率卫星遥感立体影像的地震灾害损失实物量三维精细化评估理论和方法，开发了自主知识产权的地震灾害评估遥感处理系统。其主要内容如下：

(1) 根据高分辨率卫星遥感(光学和SAR)传感器的成像几何关系，研究了基于共线方程的高分辨率卫星光学遥感严格物理模型和基于距离-多普勒方程的SAR严格物理模型。同时，针对卫星传感器姿态和轨道误差等导致的立体定位系统性偏差问题，提出了基于平移、平移加比例、仿射变换、二次多项式四种偏差修正模型的有理函数模型光束法平差，减少了系统误差的影响，为高精度的灾害损失实物量三维精细化评估提供了理论基础。

(2) 根据高分辨率卫星遥感(光学和SAR)的严格物理模型生成像

方或物方虚拟控制格网，建立了严格物理模型与通用有理函数模型的转换关系，构建了同源卫星（光学立体影像、SAR立体影像）与异源卫星（SAR和光学异源立体）遥感影像的联合定位框架，提出了同源和异源高分辨率卫星影像立体定位精度的提高模型，完善了震区多源遥感联合定位的理论与方法，提高了灾害损失实物量三维精细化评估理论的实用性。

(3) 提出了一种基于高分辨率卫星遥感立体影像的房屋倒塌三维灾害提取与精细化评估方法。该方法基于半全局匹配算法实现了立体影像的密集匹配，基于有理函数光束法平差生成震区三维密集点云进而得到高精度数字地表模型；然后根据震前、震后得到的数字地表模型差值法来提取出房屋倒塌的三维信息，最后根据震区震前、震后差值法提取了房屋倒塌的区域并评估了其三维倒塌的程度。

(4) 提出了一种基于震前、震后曲线变化的铁路受损评估方法。该方法根据震前的地形图数据利用最小二乘平差方法恢复了震前铁路曲线（直线、圆曲线、缓和曲线等）的几何参数，在高分辨率立体遥感影像提取的铁路曲线特征点的基础上，应用最小二乘准则建立震后铁路受损评估模型并实现了铁路受损评估模型的参数估计。在此基础上，根据震前、震后铁路曲线几何形态的变化评估了铁路受损的程度。

(5) 在提取了房屋倒塌三维信息后，提出了以房屋倒塌状态、房屋结构和人口密度为主要参数的人员伤亡预测模型，从而建立了基于高分辨率卫星遥感立体影像的震后人员伤亡精细化评估方法，为震后医学物资和救护人员的调配提供科学的决策依据。

目录

第1章 引言

1.1 研究背景和意义

地震是一种普遍的自然现象，在20世纪中大约发生130 000次地震，造成巨大伤亡的有16次，地点都是人员密度高的城镇（翟永梅，2009）[19]。目前，尚未有能准确预测地震发生时间和地点的方法，因而当前地震减灾防灾的工作主要集中于建筑物的抗震设计和震后救援策略研究之上。作为地震多发国家，我国地震活动频度高、强度大、分布范围广，地震造成了房屋倒塌、道路损毁、人员伤亡等严重后果，而及时、有效的灾害损失实物量快速评估是实施震后救援和降低灾害损失的有效途径。灾害损失实物量评估是对受灾范围内房屋、基础设施、人口、产业、社会事业、居民财产、水域资源、土地资源等毁损实物数量和程度进行评估（李珊珊等，2013）[3]。传统的灾害损失实物量评估主要采用地方政府上报、实地调查的方式，然而该方法费时费力，难以完成灾区受损实物量的快速评估。随着遥感技术尤其是高分辨率卫星遥感技术的迅速发展和应用，利用遥感技术进行地震震害信息的获取与快速评估取得了丰富的成果，但是，目前基于遥感变化检测技术提取的震害面积、位置都是平面二维信息，难以满足震区人员伤亡的准确评估，不利于震后医学救援物资和救护人员的科学调配，不利于灾后重建工作的高效推进。因此，需要发展更为准确的三维灾害损失实物量精细化评估理论与方法。三维精细化评估在二维（平面）灾害评估的基础上进行，三维（包括平面和高度方向）的损失评估，能更精确地反映房屋等倒塌的程度，从而更准确地估算人员伤亡的情况。

随着近十五年来高分辨率卫星遥感（High Resolution Satellite Imagery，HRSI）技术的迅速发展，HRSI 构建了全天候、大范围、立体式的对地观测网络，已经初步具备三维震害精细化评估的能力。高分辨率光学卫星遥感可以提取清晰的震区震害信息，而合成孔径雷达（Synthetic Aperture Radar，SAR）则不受恶劣天气的影响并能全天候工作，可以有效弥补光学卫星遥感的不足，提高震害损失实物量评估的实用化，因此，通过建立同源立体（同源光学-同源光学、同源 SAR-同源 SAR）、异源立体（异源光学-异源光学、异源 SAR-异源 SAR、异源光学-异源 SAR）可以构建较为完备的基于高分辨率卫星（包括光学和 SAR 卫星）遥感影像的震害实物量损失精细化评估理论和方法，形成天地一体化地震灾害快速评估体系，是突破地震灾害观测手段的局限性、推动震害快速评估的研究与实践更快发展的重要举措。

1.2 基于 HRSI 的灾害评估综述

遥感技术可以比较客观、快速、准确、大范围地反映当地地面情况。通过对比震前、震后图像，可以提取出建筑物损毁的位置和面积。进一步地利用不同角度采集高分辨率卫星（目前卫星图像的地面分辨率可以达到 1 米以下）的图像，还可分析出单个建筑物的灾害受损情况。本书中，高分辨率卫星遥感包括光学遥感和 SAR，目前其空间分辨率均已经达到米级甚至是亚米级，为地震灾害损失实物量快速评估奠定了坚实的数据基础。

1.2.1 星载高分辨率光学遥感的发展概况

20世纪70年代初，美国发射了第一颗地球观测卫星Landsat-1，其多光谱分辨率达到80 m，而1986年2月法国的SPOT卫星成功发射，将地面空间分辨率提高到10 m，标志着卫星光学遥感进入了崭新的高空间分辨率时代。其后，欧、美、日等发达国家相继发射更高空间分辨率的卫星，中、印、泰等发展中国家也研制了自己的高分辨率光学遥感卫星。到目前为止，世界上的主要高分辨率(优于3 m)光学遥感卫星如表1-1所列。

表1-1 主要星载高分辨率光学遥感影像

卫 星	国 家	运行年份	全色分辨率/m
OrbView-5	美 国	2007	0.41
GeoEye-1	美 国	2008	0.5
WorldView-2	美 国	2006	0.5
QuickBird-2	美 国	2001	0.6
EROS	以色列	2008	0.7
Pleiades-1	法 国	2011	0.7
IKONOS	美 国	1999	1.0
OrbView-3	美 国	2003	1.0
KOMPSAT-2	韩 国	2004	1.0
Resurs	俄 国	2005	1.0
Cartosat-2B	印 度	2006	1.0
EROS	以色列	2000	1.8
RocSat2	台湾地区	2004	2.0
THOES	泰 国	2007	2.0
高分一号	中 国	2013	2.0

续 表

卫　星	国　家	运 行 年 份	全色分辨率/m
ZY-3	中　国	2012	2.1
SPOT-5	法　国	2002	2.5
TopSat	英　国	2005	2.5
Cartosat	印　度	2005	2.5
RazakSat	马来西亚	2005	2.5
ALOS	日　本	2006	2.5

1.2.2　星载高分辨率 SAR 的发展概况

SAR 自 20 世纪 50 年代诞生以来，由于其具有穿透云层、雨、无线电，并能全天时(白天黑夜均可)作业等优点得到广泛应用。美国于 1978 年 6 月发射了世界上第一颗装载 SAR 的卫星，进入 21 世纪以来，星载 SAR 更取得突破性进展，迈入米级时代。现有主要的高分辨率(优于 5 米)SAR 如表 1-2 所列。

表 1-2　主要星载高分辨率 SAR 影像

卫　星	国　家	运行年份	极化方式	分辨率/m
COSMO-SkyMed	意大利	2007，2010	X-全极化	1，3
RadarSat-2	加拿大	2007	C-全极化	3
TerraSAR	德　国	2007	X-全极化	1，3

1.2.3　基于 HRSI 的震害评估的发展概况

HRSI 具有大范围、快速、低成本、高空间分辨率等优点(Tong 等，2009)[129]，近年来，越来越多地被应用于与灾害提取与评估中(Yonezawa 和 Tackeuchi，2001；Matsuoka 等，2004，2005；Gamba 等，2007；Balz 和

Liao, 2010) [154,93-94,63,29]。

目前,基于 HRSI 的震害信息提取主要有三种方法。

(1) 第一种是目视解译法。Gamba and casciati(1998)[64]利用 GIS 数据来提高遥感解译震害的精度。Saito 等(2004)[107]应用震前、震后 IKONOS 影像来提取 2001 年 Gujarat 地震房屋倒塌区域。结果表明,目视解译法能够快速进行严重倒塌区域的解译和单个建筑倒塌的提取。Yamazaki 等(2005)[153]利用单景 QuickBird 全色影像来标定 2003 Bam 地震后的房屋倒塌情况。Adams 等(2009)[23]实现了一种震害目视解译与震害可视化系统——VIEWSTM。然而,目视解译存在耗时并仅能提取二维的震害信息等不足。

(2) 第二种方法是基于不同时期影像像元的变化检测法(Shepard, 1964; Singh, 1989; Radke, 2005)[115,117,104]。该类方法主要包括:像元变化检测法(Jensen and Toll, 1982)[74]、推理法(Howarth and Boasson, 1983)[73]、主成分分析法(Byrne 等,1980)[33]和多源数据分类法(Estes 等, 1982)[54]。由于具有快速、自动等优点,该方法在震害提取中应用广泛。Gupta 等(1994)[68]采用震前、震后印度(IRS LISS-II)近红外影像用像元检测法进行了 Uttarkashi 区域的震害提取。Estrada 等 (2001)[54]提出了主成分分析法应用 Landsat TM 影像进行 1999 Kocaeli 地震震害提取。Guo 等(2009)[66]提出了一种扩展形态学的方法应用 ADS40 影像进行汶川地震的房屋倒塌提取。同时,也有部分研究集成多源遥感数据进行震后灾害提取,比如联合 SAR 和光学卫星影像数据(Stramondo 等,2006; Chini 等, 2009; Brunner 等, 2010)[121,40,32],震前、震后 SAR 影像数据和高分辨率卫星影像数据 (Chini 等,2008, 2011; Sertel 等,2007; Vu and Ban, 2010; Liou 等,2010; Li 等,2010)[38-39][113,147,89,80],高分辨率卫星影像和航空影像数据(Ehrlich 等,2009)[52],航空影像和 GIS 数据(Sahar 等,2010)[106]。由于具有快速和自动化的优点,这类灾害信息提取的方法应用较广。

(3) 第三种方法是利用阴影(Cheng and Thiel, 1995; Tong 等, 2013)[37,129]来计算房屋倒塌后的高度变化。Turker and San(2004)[145]利用航空影像应用阴影法进行了房屋倒塌的提取试验,结果表明该方法可以有效地检测出倒塌的房屋。Turker and San(2008)[146]开发了基于阴影提取房屋震后变化提取的系统。

还有学者以面向对象的技术进行遥感震害信息提取与评价方法研究(吴剑, 2010; 赵福军, 2010; 曾涛, 2010)[8,21,22]。

上述方法主要基于震后单景数据,或者震前、震后单景数据。因此,基于这些数据仅能提取震害的二维信息包括位置和面积等,而三维的灾害信息提取与评估则较少研究。

1.3 基于 HRSI 的震害实物量三维精细化评估综述

灾害损失实物量评估技术是灾情评估以及灾情综合研判的核心。遥感技术的快速发展,尤其是 HRSI 的应用,使得利用遥感技术进行三维震害信息的获取与快速评估成为可能,国内外学者们在这方面做了部分试验性研究。本节主要综述典型灾害损失实物量评估,比如房屋(房屋倒塌评估)、基础设施(铁路受损评估)、人口(人员伤亡评估)。

1.3.1 房屋倒塌三维提取与评估的研究现状

地震引起的房屋倒塌是造成人员伤亡的主要因素。因此,当灾难发生时,快速、准确地检测出受地震影响的区域特别是提取出三维震害信息对于震后救援具有重要的意义。Turker and Cetinkaya(2005)[144]提出利用震前、震后航空立体影像生成的(DEMs)进行变化检测从而提取出房屋倒塌区域，结果表明该方法提取的总体精度达到了92%。而基于高分辨率卫星立体影像进行的地震灾害房屋倒塌实物量三维精细化评估的研究还不多见。

1.3.2　震后铁路受损评估的研究现状

线状目标受损评估是判断检测目标是否安全或损毁。导致线状目标受损的主要原因可以分为两大类：一种是人类活动造成的表面或结构损坏，另一种是自然灾害（比如滑坡、泥石流和地震）造成的损毁。

传统的野外测量技术使用的仪器主要有倾斜仪、全站仪、全球定位系统（GPS），这些仪器可以实时的对目标地物进行形变监测（Akpinar and Gulal, 2011）[24]。然而，这些传统的测量技术比较费时，并且只能监测小区域。随着高分辨率卫星遥感技术的快速发展，如 IKONOS, QuickBird, Worldview-2，GeoEye 以及我国的资源三号卫星（ZY-3）数据，利用灾前、灾后 HRSI 进行大面积地表目标物进行受损评估成为可能。Dong 等（2007）[48]、Easa 等（2007）[50]介绍了利用 IKONOS 影像提取道路平面曲线的方法。也有部分学者提出道路损毁自动检测的算法。例如，Sohn 等（2005）[120]描述了一种利用航空影像和数字地形图采用改进的迭代 Hough 变换方法进行快速自动化提取道路变化，结果表明该方法改进了航空影像的定位参数，过滤了整个区域的大部分噪声。Li 等（2011）[81]应用单类支持向量机进行震后道路损毁提取，该方法利用高分辨率卫星遥感影像针对2010年海地地震引起的房屋倒塌进行提取，从而间接提取出损毁的道路。然而，震后的目标或环境往往发生较大的变化，难以根据震前、震后线状地物进行自动匹配。

1.3.3　震后人员伤亡评估的研究现状

近年来，地震频发，另一方面，随着城市化进程的加快，处于地震带的城市人口数量日益上升，一旦发生地震，将会造成巨大的人员伤亡(吴文英等，2012)[9]。震后人员伤亡估计对于震后救援的医疗物资、救护人员的调配有着重要的现实意义。

落后的管理方式和人口的急剧增长让潜在震区人民的生命和财产受到巨大的挑战，近年来，地震席卷了众多发展中国家导致大量的人员伤亡(Winter 等，2011；Wick 等，2010)[150,149]。而房屋倒塌是导致人员伤亡的主要因素(Sakai 等，1990；Okada 等，1991)[109,98]。在地震带周边区域，按照抗震标准设计可以减少人员的伤亡，然而，在发展中国家，存在大量无抗震设计的建筑(Xie 等，2007)[152]，这种情况需要很长时间才能补救。因此，如何改进震后人员伤亡搜索和医学救援，从而最大限度地减少震后因未及时救援而导致的人员伤亡非常重要而且必要。灾后搜索和医学救援主要包括受灾情况的定位、人员伤亡的估计、医学设施药品的调配和救护人员的合理配备(Zhang 等，2012c)[155]。其中，受灾情况的快速定位和人员伤亡评估至关重要，因为灾后救援的黄金时间只有短短的一周。已有的关于人员伤亡评估的方法主要分为两类：一类是利用经验函数来描述人员伤亡历史数据与地震参数的关系(Hikaru，1999；Samardjieva and Badal，2002；Xie，2007)[70,110,152]，从而建立经验预测模型；另一类是利用更多的受灾数据(比如房屋倒塌)来辅助估计人员伤亡情况。房屋受损可以根据受损程度建立受损分级(DI)(Tertulliani 等，2011)[126]。Okada 等(1991)[98]针对建筑物的损毁进行了一次震后的流行病调研，将震后的房屋生存空间和人员伤亡进行了关联。Coburn 等(1992)[41]构建了一个震后的人员伤亡预测模型，并将建筑物的损毁程度进行了分类(D1—D5)。在考虑了损毁程度后，后续的研究发现，建筑的材质也和人员伤亡数量有关，如木质的房屋就算损毁程度很高，人员伤亡的也相对较小(Furukawa 等，2010)[62]。Shigeyuki 和 Nobuo(1999)[116]根据震后的调研结果，构建了与损毁程度和房屋类型对应的人员伤亡分布图，Lu 等(2003)[91]构建了更加详尽的人员伤亡分布图。以上结果目前主要用于震后人员的伤亡估计，人员伤亡数据在震后一段时间后才能得到，虽然较为准确，但是对于震后救援工作帮助不大，随着高分辨率卫星遥感技术的飞速发展，已经初步具备了应用 HRSI 进行震后房屋倒塌三维精细化评估的能力（Tong 等，2012）[128]。李俊（2009）[2]研究了以 Google Earth 为展示平台，考虑场地放大效应对地震动的影响与修正，并利用 GDP 等宏观经济指标作为震害评估的全球大震损失评估模型。

1.4 基于 HRSI 的立体定位理论综述

随着高分辨率卫星影像成为一种便捷的信息源，遥感技术在震害快速评估中发挥着越来越重要的作用（陆程和孙建延，2010）[4]。遥感影像原始数据由于卫星轨道和姿态误差导致提供的影像定位参数存在 5～10 像元的系统性误差（Grodecki and Dial，2003；Wang 等，2005）[65,148]，无法满足地震灾害实物量精细化评估的需要。因此，需要研究少量地面控制点的高分辨率卫星影像立体定位偏差修正模型。

光学影像是利用太阳光的地物高频反射信号的被动成像，所以，受多云等气候因素的影响较大，在黑夜由于无太阳光无法工作。而 SAR 影像则利用传感器主动发射低频无线电信号并接受地面返回的无线电回波信号成像，由于 SAR 发射的低频信号可以穿透云层，不受白天黑夜的影响，具有全天候作业能力，近年来，受到高度重视。高分辨率卫星遥感光学与 SAR 影像立体定位研究是目前摄影测量与遥感技术的重要基础，国内外已有众多学者对不同光学、SAR 影像基于不同成像模型进行立体定位相关研究，主要包括两大类：基于严格物理模型和通用成像模型的立体定位（Toutin，2004c）[136]。

（1）基于严格物理模型的立体定位

严格物理模型是基于传感器、像点、目标点严格几何关系而构建的数学方程，各参数均有实际的物理含义。基于严格物理模型的定位方法主要有基于共线方程(Wong，1980；Poli，2007；Michalis 和 Dowman，2008)[151,101,95]的空间后方交会、前方交会以及光束法平差。该方法主要用于已知传感器内外方位元素的光学影像遥感定位中，并取得了非常好的定位精度(一般优于 1 像元)。而 SAR 影像采用的是斜距成像方式，因此根据距离-多普勒方程构建立体定位模型(Curlander，1982；Leberl，1990；杨杰，2004；尤红建和付琨，2011)[44,79,13,14]，该方法也被证明可取得亚像素级的定位精度。

共线方程是由传感器、像点、目标点三点共线的几何关系建立的，因此具有确定物理意义的传感器参数并严格基于共线方程成像，利用该模型建立的光束法平差获得最优立体定位精度。现有大部分高分辨率卫星光学遥感影像(如 Wordview、GeoEye、QuickBird、IKONOS 等)均采用线阵推扫式成像，因此传统的框幅式影像建立的光束法平差方法需要结合线阵成像特点应用于高分辨率卫星遥感立体定位中，因为卫星的线元素、角元素均会随着时间而改变，一般将线元素、角元素表达为时间的二次多项式关系。基于共线方程的立体定位应用非常广泛。然而该模型主要的缺点是需要公布卫星的姿态参数和内方位元素，而该参数很多影像提供商为了保密并不愿意公开。

由于 SAR 影像的成像方式是侧视扫描，在距离向上，地面目标到雷达的等距离点的分布是同心圆束；在方位向上，卫星与地面目标相对运动所形成的等多普勒勒频移点的分布是双曲线束。同心圆束和双曲线束的交点，就可以确定地面目标的位置，根据该距离多普勒方程可以建立双像的立体定位模型。如果加上地球椭球模型还可以进行单片的立体定位。立体定位在雷达领域直到最近几年高分辨率的米级 SAR 影像出现(如

RADARSAT－2、COSMO－SKYMED、TerraSAR－X)才得以迅速发展，主要是由于低分辨率的SAR影像进行立体测量时像控点难以精确得到，因此，生成的DEM精度较差，而采用相位信息进行干涉测量获取的DEM则能获得更优的精度。随着高分辨率SAR影像的出现，利用地面像控点可以大幅度提高立体测量精度进而生成高精度DEM(Toutin，2010；Zhang等，2012b；张过和秦绪文，2013)[140,159,17]。

(2) 基于通用成像模型的定位

通用成像模型是直接利用数学模型来近似模拟像点与地面目标点的数学关系。基于通用成像模型的定位方法主要分为四种：多项式模型、直接线性变换模型(Okamoto，1988)[99]、仿射变换模型(Okamoto，1998)[100]、有理函数模型(Kratky，1987；Tao等，2001，2004)[77,123,125]。其中有理函数模型由于其具有隐藏传感器参数和可近似替代严密方程的优点被广泛应用于卫星遥感中。

有理函数模型是将共线方程的分子分母用多阶有理函数来近似替换，该模型的优点是隐藏了卫星参数，形式较为简单，可以应用于任何传感器并能获得非常接近基于严格物理模型所获得的定位精度，从而为统一的通用成像模型奠定坚实基础，现有的众多高分辨率卫星遥感光学和SAR影像中提供有理函数系数(Wordview、GeoEye、QuickBird、IKONOS、RADARSAT－2等)。当然，有理函数的系数没有任何物理意义，为误差的深入分析带来一定困难。

有理函数系数的解算主要有两种，一种是与地形有关(Tao等，2002)[124]的，一种是与地形无关(Tao等，2001)[123]的。地形相关是利用最小二乘法直接用实测的像控点计算78个有理函数系数。而与地形无关的方法主要有四个步骤：第一步基于像方建立影像格网，一般应大于10×10；然后建立三维坐标格网，该步骤首先利用已获得的该区域的DEM估算出其最大高程和最小高程，然后分层，一般应大于三层，再利用传感器的物理模型建立各个地面格网点的点位坐标;第三步根据前两步的影像坐标格网和相应的地面三维坐标格网点对解算有理函数各系数;最后是精度检核。从一次到三次的有理函数模型解算已经成功应用于SPOT－5 HRS，EROS－A，Formosat－2，QuickBird 光学影像(Tao and Hu，2001；Poli 等，2004)[123,102]和 SAR 影像(Zhang 等，2010；Zhang 等，2011，2012a)[156,158]中。

现在有大量商业高分辨率卫星影像公司为其影像提供有理函数模型系数 (RPCs)辅助文件。然而，由于仍然存在部分系统误差如卫星扫描速度方向的扰动和传感器固有的误差，因此，影像商提供的 RPCs 含有系统误差进行直接定位与真值存在系统性偏差，直接进行立体定位误差有 5～10 像素，因此需要对该有理函数系数进行优化。一般来说，使用像控点(Ground Control Points，GCPs)进行定位偏差修正有两种方法。第一种是直接修正有理函数系数(Rational Polynomail Coefficients，RPCs)(Hanley 等，2002；Fraser and Hanley，2003，2005；Noguchi and Fraser，2004；Fraser 等，2006；Tong 等，2010a)[69,58,59,97,57,131]，该方法首先利用像控点估计出偏差改正模型参数，然后生成虚拟控制格网点，最后根据修正后生成的格网点重新计算 RPCs。第二种是通过修正定位结果来进行定位偏差修正(Li 等，2002；Grodecki and Dial，2003；Wang 等，2005)[85,65,148]，从而直接拟合在像方或物方的系统性误差，主要用到的模型有平移、平移和比例、仿射、二次多项式等，该模型需要控制点少、精度高，其中仿射模型被证明为在低视场角下结果最为稳定。这种方法比前一种方法需要更少的 GCPs，然而，这两种方法都需要使用偏差修正模型(张永生等，2004)[20]。

(3) 联合立体定位

传统意义上的立体定位主要局限于同源的立体影像，而随着多源(不同光学传感器、不同 SAR 传感器、光学和 SAR 传感器)立体影像的出现，不同源卫星遥感进行联合定位成为可能(程春泉，2010)[1]。

同源的遥感立体定位按影像的类型可以分为同源光学影像(Chen 和 Dowman，1996；Di 等，2003a；Li，1998；Wang 等，2005；Fraser 等，2006，2009；Liu 等，2010)[36,46,82,148,57,90]和同源 SAR 影像(Curlander，1984；Dowman and Dolloff，2000；zhang 等，2012b)[45,49,159]的立体定位，现在已经取得了较丰富的研究成果。光学影像方面主要是基于共线方程的光束法平差和基于有理函数模型的立体定位，而 SAR 影像定位则主要应用距离多普勒方程和有理函数模型进行。同源的光学遥感立体定位的模型(Grodecki 和 Dial，2003；Noguchi 等，2004；Fraser 和 Hanley，2003，2005)[65,97,58,59]和 SAR 立体定位模型(Raggam 等，2010；Capaldo 等，2011)[105,34]均可以取得亚像素级的立体定位精度。

异源遥感立体定位可以分为三种类型：不同光学影像立体定位(Toutin，2004a，2006a，2006b；Li 等，2007)[134,137-138,87]，该类定位方法的研究有基于共线方程的严格物理模型进行立体定位和基于有理函数模型的立体定位；不同 SAR 影像立体定位(Toutin and Chénier，2009；Toutin，2010；Capaldo 等，2011；Zhang 等，2010，2011)[141,140,34,156,158]，该类定位方法的研究有基于距离-多普勒方程的严格物理模型进行立体定位和基于有理函数模型的立体定位；光学和 SAR 影像联合定位现有研究较少(Tupin 和 Roux，2005；Toutin，2006c)[143,139]，该类方法的研究主要是基于光学和 SAR 严格物理模型的混合定位(邢帅等，2008，2009；程春泉，2010)[12,11,1]。

以上异源遥感立体定位主要的方法基于严格物理模型，或基于有理函数模型，所获得的立体定位结果差别较大，主要跟基高比、像元分辨率、成像交角和获得的地面控制点质量正相关。

(4) 病态问题求解

由于定位参数众多，部分参数之间存在着线性相关的问题并引起法方程病态，从而导致解算结果失真。现有比较有效的解决方法主要有两类：

岭估计(Tikhonov 和 Arsenin，1977)[127]和谱修正估计(王新洲等，2001，2002，2003)[6,7,5]。岭估计是在法方阵的对角线上加上一极小值，以改善法阵，该方法属于有偏估计，因此得到的是近似解；而谱修正估计是采用一种迭代的算法，在参数系数矩阵和观测向量两边同时加上改正数，从而求得无偏解。该方法已经成功地应用于光学(袁修孝等，2012)[15]和 SAR 的立体定位(Zhang 等，2011；Zhang 等，2012b)[158,159]中。

1.5 目前研究中存在的问题

从上述四个方面的研究现状分析，可以看出目前的相关研究和技术尚存在以下不足：

(1) 现有的地震灾害损失实物量评估研究主要是基于同源的卫星遥感技术，然而现有高分辨率卫星传感器的重访周期普遍较长，而且震区往往存在恶劣的天气，靠同源的卫星遥感还不够实用化；而要实现同源、异源的联合处理，首先需要根据各种卫星遥感的传感器成像模型的特点构建通用的成像模型，从而建立基于多源卫星遥感联合定位框架的灾害损失三维精细化评估理论，现有的研究在该方面还不足。

(2) 传统的灾害损失实物量评估主要采用地方政府上报、实地调查的方式，然而该方法费时费力，难以完成灾区受损实物量的快速评估。随着遥感技术尤其是高分辨率卫星遥感的迅速发展和应用，利用遥感技术进行地震震害信息的获取与快速评估取得了丰富的成果，但是现有的遥感变化检测技术提取的震害面积、位置大多是平面二维信息，难以满足震区人员伤亡的准确评估，不利于震后医学救援物资和救护人员的科学调配，不利于灾后重建工作的高效推进，因此需要发展更为准确的三维灾害受损实物量精细化评估理论与方法。

(3) 由于铁路线型损失实物量评估非常复杂，震前、震后铁路曲线上的同名点难以准确的匹配，因此无法直接根据同名点的位置变化来评估铁路受损的程度，需要根据地形图数据来恢复震前铁路曲线方程，并且采用近似模型来表达铁路损失实物量，目前这方面研究还很不够。

(4) 震后人员伤亡估计是震后救援的医疗物资、救护人员的调配的重要依据，然而现有的人员伤亡评估模型主要是利用经验模型(以地震烈度、震级、人口密度为主要参数)、平面二维震害信息进行粗略估计，与实际的人员伤亡情况差别较大。因此需要改进现有人员伤亡评估模型，利用高分辨率卫星遥感立体影像提取的三维灾害信息进行大范围、快速、准确的人员伤亡评估。

1.6 本书的研究内容与技术路线

本书综合集成应用高分辨率遥感光学和 SAR 立体影像进行三维震害评估，重点解决典型震害损失实物量评估(房屋倒塌、道路受损、人员伤亡)的关键技术和方法。

本书的主要内容包括：以震害损失实物量(房屋倒塌、铁路受损、人员伤亡)为研究对象，以三维震害精细化评估为研究目的，以地面监测数据和高分辨率卫星遥感(光学和 SAR)影像为基础数据，以震害定位—提取—评估为研究主线，研究了基于高分辨率卫星遥感立体影像(包括光学立体影像、SAR 立体影像、光学和 SAR 异源立体)的立体定位偏差修正模型、基于高分辨率卫星立体影像的房屋倒塌三维评估、震后铁路受损评估、震后人员伤亡评估，形成了基于高分辨率卫星遥感立体影像的地震灾害损失实物量三维精细化评估理论和方法，开发了自主知识产权的地震灾害评估遥感处理系统。

本书的主要总体技术路线框架如图 1－1 所示。

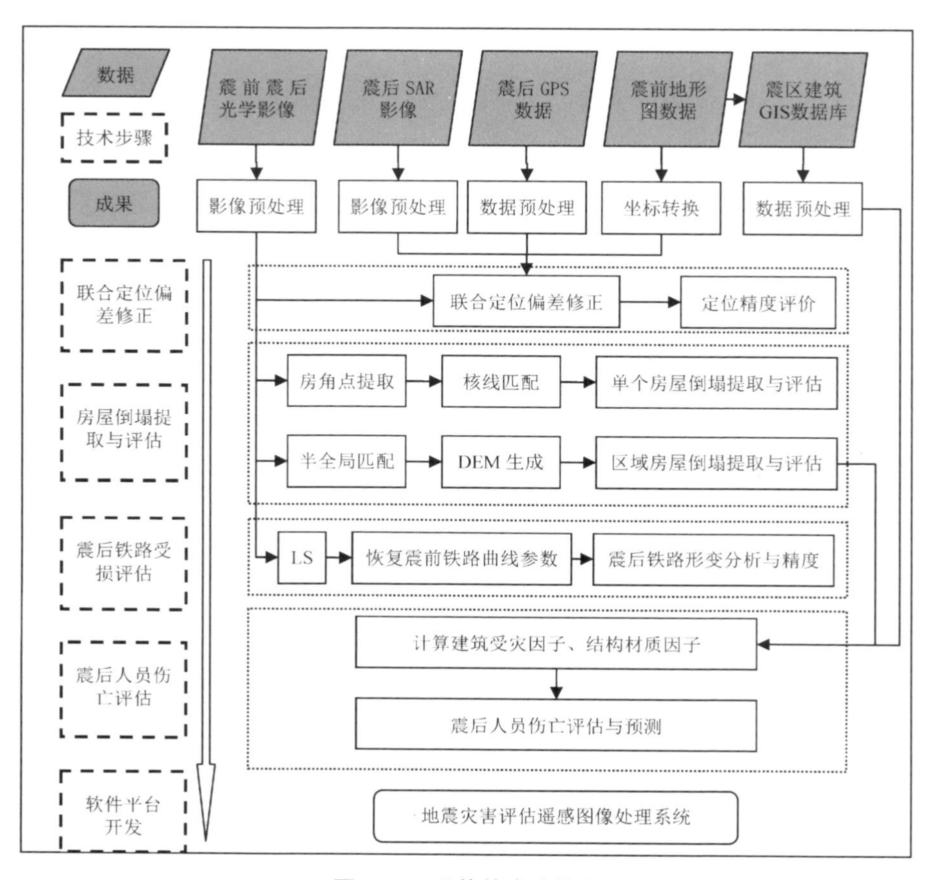

图 1－1　总体技术路线图

1.7　本书的结构组织

本书的结构组织如下：

（1）在引言的简介后，第 2 章详细介绍了本书中使用到的各种遥感数据、电子地形图数据、地面观测 GPS 数据，并进行了数据的预处理（如坐标转换等)。

(2) 第3章分析了高分辨率卫星遥感同源、异源立体定位模型,提出了构建多源遥感通用成像模型框架,实现了同源、多源卫星遥感联合定位偏差修正,为三维震害精细化评估奠定了理论基础。震区实验结果表明,直接采用影像原始参数进行的定位实验结果存在10～20 m的系统性偏差,经过系统偏差模型修正后的定位结果提高到优于1 m,能够满足地震灾害损失实物量精细化评估。

(3) 第4章阐述了多时相高分辨率遥感数据震后房屋倒塌三维提取与评估。提出了一种基于高分辨率卫星遥感立体影像的房屋倒塌三维灾害提取与精细化评估方法。该方法采用半全局匹配算法,实现了立体影像的密集匹配,基于有理函数光束法平差生成震区三维密集点云进而得到高精度数字地表模型(Digital Surface Model, DSM);然后根据震前、震后得到的数字地表模型差值法来提取出房屋倒塌的三维信息,最后根据震区震前、震后差值法提取了房屋倒塌的区域并评估了其三维倒塌的程度。在上述理论、技术和方法研究的基础上,研制开发了地震灾害评估遥感影像处理系统。

(4) 第5章提出了一种基于震前、震后曲线变化的铁路受损评估方法。该方法根据震前的地形图数据,利用最小二乘平差原理恢复了震前铁路曲线(直线、圆曲线、缓和曲线)参数,在高分辨率立体遥感影像提取的铁路曲线特征点的基础上,应用最小二乘准则建立震后铁路受损评估模型,实现了铁路受损评估模型的参数估计,根据震前、震后铁路曲线几何形态的变化评估了铁路受损的程度。

(5) 在提取了房屋倒塌三维信息后,第6章探讨了以房屋倒塌状态、房屋结构和人口密度为主要参数的人员伤亡预测模型,从而建立了基于高分辨率卫星遥感立体影像的震后人员伤亡精细化评估方法,可以为震后医学物资和救护人员的调配提供科学的决策依据。

（6）最后全面回顾了本书在同源异源遥感联合定位模型、房屋受损实物量三维精细化评估、铁路受损实物量精细化评估、震后人员伤亡实物量精细化评估等方面取得的主要结论，并对无人机、Lidar 等更多源数据的地震灾害实物量精细化评估理论和方法进行了展望。

1.8 本章小结

本章首先阐述了本书研究的背景和意义，综述了国内外高分辨率卫星遥感技术应用于地震灾害评估中的关键技术和研究现状，分析了目前高分辨率卫星遥感在地震灾害损失实物量评估中存在的问题，提出了本书将要研究的主要内容和技术路线，最后介绍了本书的组织结构。

第2章 研究区域与数据预处理

2.1 研究区域

在汶川地震中，位于成都西南部的都江堰市是受灾最大的市区之一，该市市区作为本研究的主要实验区，都江堰市因具有迄今已 2 300 多年的都江堰水利工程闻名世界，尤其是在汶川地震后该水利工程主体工程仍能正常工作，令世人惊叹。都江堰距汶川地震震中映秀(31°1′15.6″N，103°22′1.2″E)约 21 公里。震后数百栋房屋倒塌，上千学生遇难。图 2-1

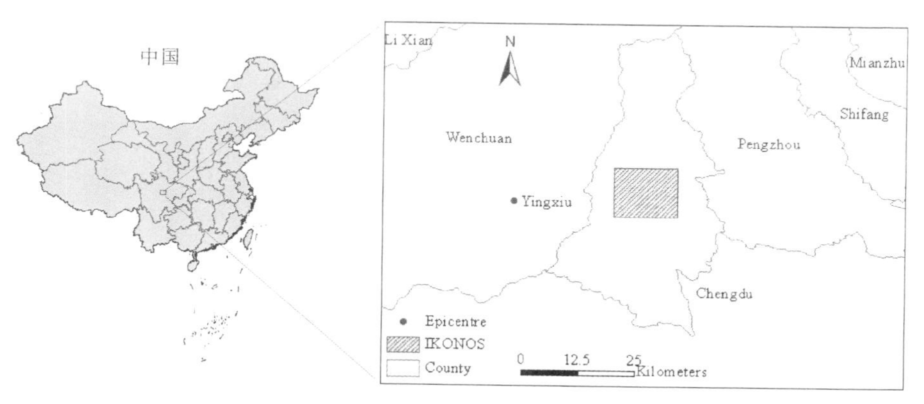

图 2-1 都江堰试验区

所示为汶川地震中主要的受灾区以及本研究的主要试验区域。

2.2 数据情况简介

研究中采用了 2008 年汶川地震区航空遥感数据。2009 年，通过四川地震灾区 GNSS 连续运行站的 VRS RTK GPS(Virtual Reference System Real Kinematic GPS 虚拟参考站网络动态 GPS)，进行了地面 GPS 观测，获得了地震试验区加密的地面观测数据，图 2－2 所示为实测现场。实测的 GPS 数据水准点展在航片上如图 2－3，其中红色点为控制点，蓝色为水准点。

图 2－2　实测现场

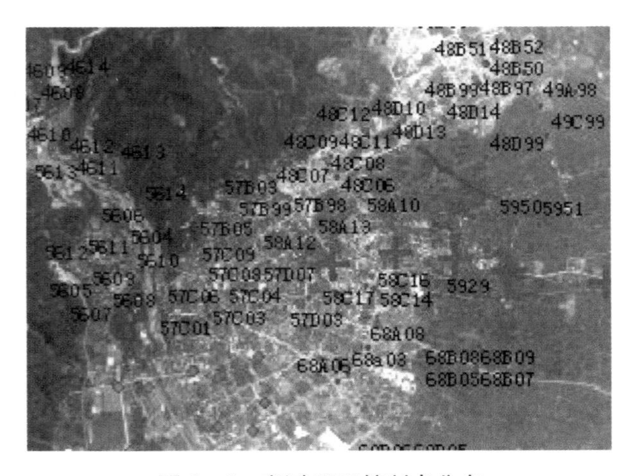

图 2－3　实测 GPS 控制点分布

同时，还获得了地震前、后的IKONOS卫星立体影像2对：地震后IKONOS立体影像（同轨），时间为2008年6月28日；地震前IKONOS立体影像（异轨），时间为2007年1月26日和2007年2月3日。还获得了部分地形图，高分辨率SAR数据，研究中获得的数据如表2-1所列。

表2-1　已获得的数据

数　据　名	数据类型	分辨率/m 精度	使　用　目　的
震前IKONOS	立体像对	1.0	立体定位、灾害评估
震后IKONOS	立体像对	1.0	立体定位、灾害评估
航片	航片	0.5	控制点选取
地面GPS	地面观测数据	0.05	控制点选取与精度验证
1∶500地形图	电子地图	0.05	控制点选取、灾害评估
震后Cosmo-SkyMed	单景影像	1	立体定位
震后Cosmo-SkyMed	单景影像	3	立体定位
震后TerraSAR-X	单景影像	3	立体定位

2.2.1　震前、震后IKONOS数据和像控点

获得的都江堰地区震前（异同轨立体像对）、震后（同轨立体像对）IKONOS立体影像为Basic产品，影像分辨率均为1.0 m，其详细信息见表2-2。震前控制点由地形图获得44个点，震后控制点坐标采用基于四川地震灾区GNSS连续运行站VRS RTK GPS测得62个，精度在0.05 m以内。震前、震后立体影像和控制点分布如图2-4所示。

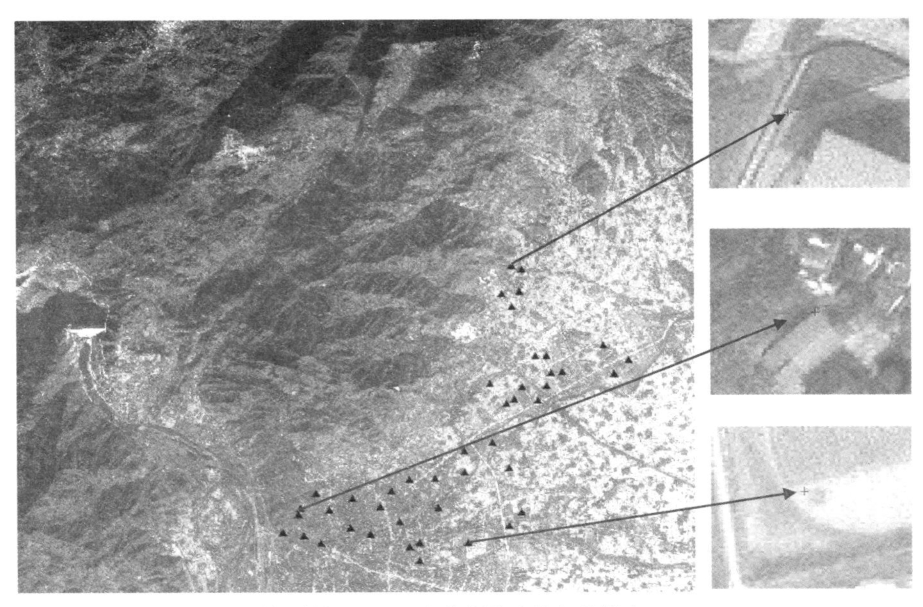

(a) 震前IKONOS立体影像左像与像控点

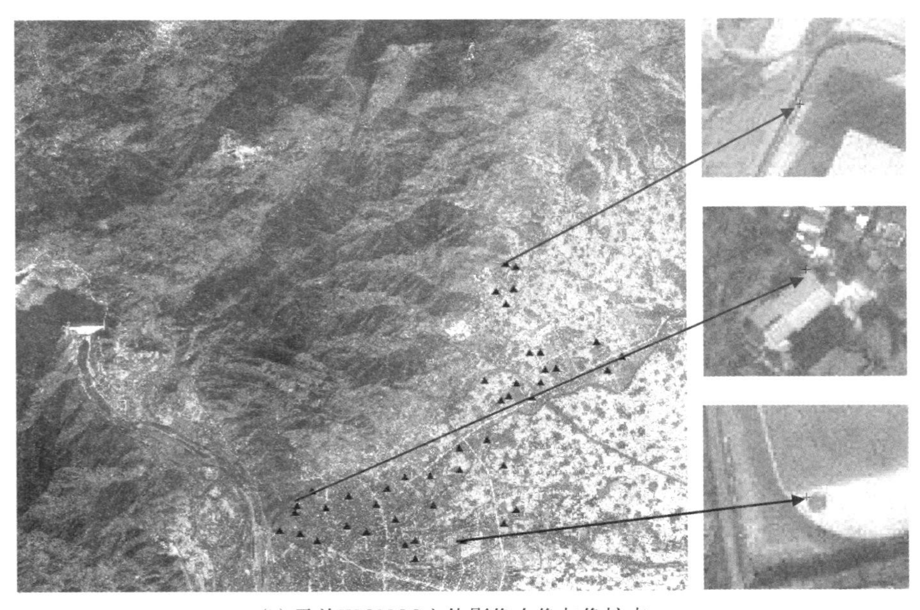

(b) 震前IKONOS立体影像右像与像控点

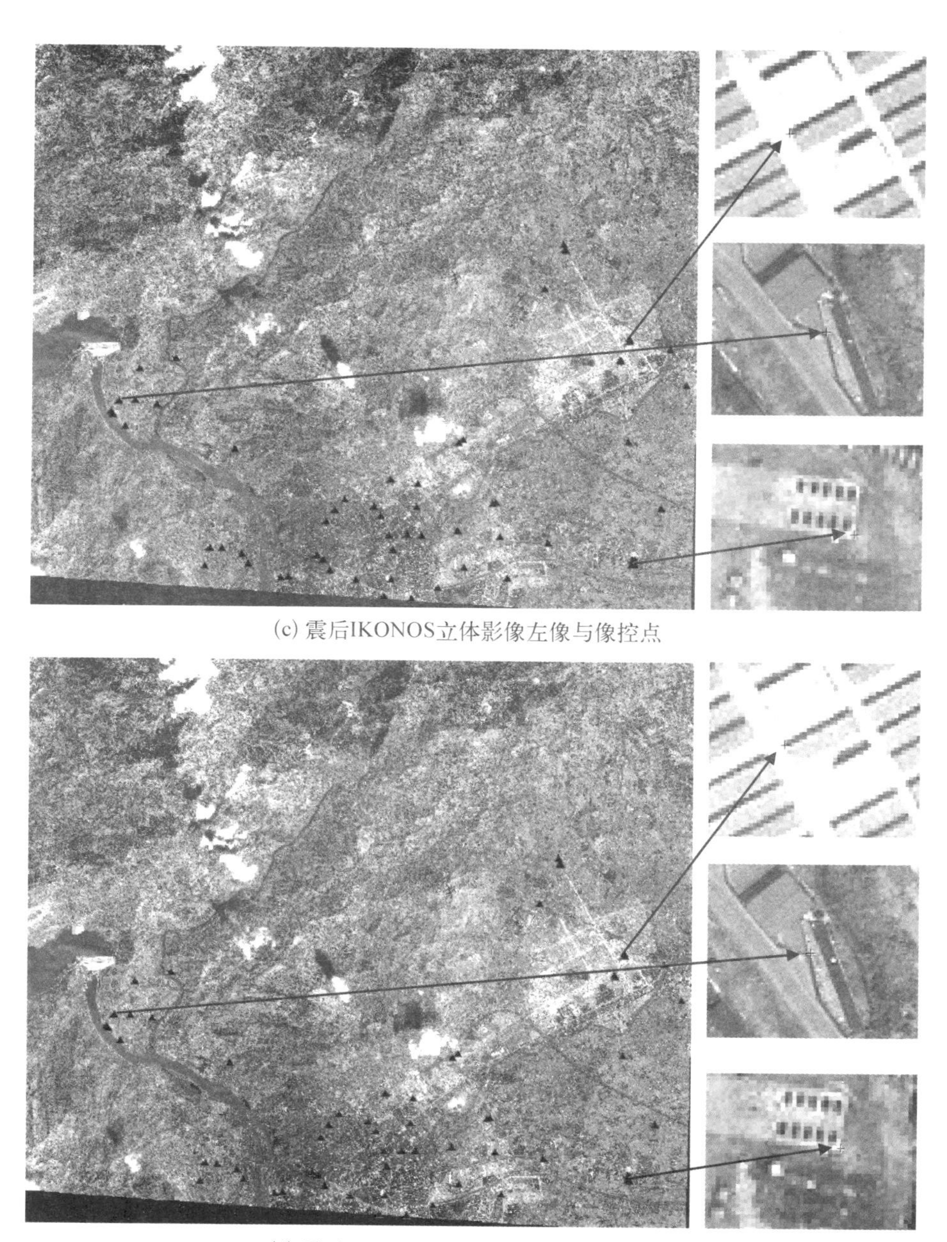

(c) 震后IKONOS立体影像左像与像控点

(d) 震后IKONOS立体影像右像与像控点

图 2-4　震前、震后 IKONOS 立体影像与像控点分布图

表 2-2 IKONOS 立体影像

影像信息	震前立体像对		震后立体像对	
	左 像	右 像	左 像	右 像
获取时间	2007-02-03 03:49 GMT	2007-01-26 03:57 GMT	2008-06-28 04:02 GMT	2008-06-28 04:02 GMT
扫描方向	Reverse	Reverse	Forward	Reverse
扫描方位角/°	179.967 889 5	179.970 444	0.030 136 19	180.029 857
采集方位角/°	51.512 2	16.264 9	352.758	347.113 5
采集高度角/°	60.632 05	60.613 76	59.265 07	65.092 31
云覆盖率(%)	0	0	2	6
空间分辨率/m	1	1	1	1

2.2.2 震前 1∶500 地形图

震前地形图数据为都江堰市区 1∶500 地形图数据，该电子地图采用全站仪实测成图，包含了所有建筑的位置、形状、楼层，材质以及密集的西安 80 参考高程点。为了与卫星影像的坐标系(WGS84)统一，需要同名点进行坐标转换，详细描述见 2.3.2 节。

2.2.3 震后 Cosmo-SkyMed 影像

获得的都江堰震区震后 Cosmo-SkyMed 影像，为 SLC 产品，影像分辨率 1 m 和 3 m 各一景；选取了与震后 IKONOS 影像同名点相对应的 GPS 点 26 个作为像控点，其详细信息见表 2-3，影像及其控制点分布如图 2-5 所示。

表 2-3 IKONOS、Cosmo-SkyMed、TerraSAR-X

卫 星	获取时间(年-月-日)	升降轨/视向	入射角范围/°	影像大小(行,列)	分辨率/m
Cosmo-SkyMed(901)	2011-09-01	降轨/右视	31.43～32.21	14 371,18 158	1
Cosmo-SkyMed(521)	2008-05-21	降轨/右视	48.59～50.63	17 536,18 800	3

2.2.4　震后 TerraSAR - X 影像

获得的都江堰震区震后 TerraSAR - X 影像，分辨率为 3 m，选取了与震后 IKONOS 影像同名点相对应的 GPS 点 26 个作为像控点，其详细信息见表 2 - 4，影像及其控制点分布如图 2 - 6 所示。

表 2 - 4　IKONOS、Cosmo - SkyMed、TerraSAR - X

卫　星	获取时间（年-月-日）	升降轨/视向	入射角范围	影像大小（行，列）	分辨率/m
TerraSAR - X (522)	2008 - 5 - 22	升轨/右视	33.90°～36.60°	28 410，15 742	3

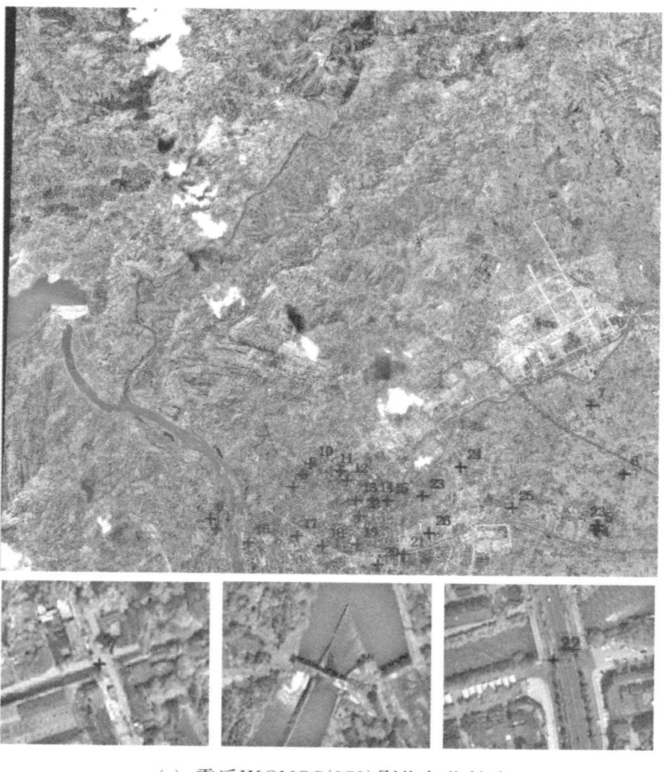

(a) 震后IKONOS(072)影像与像控点

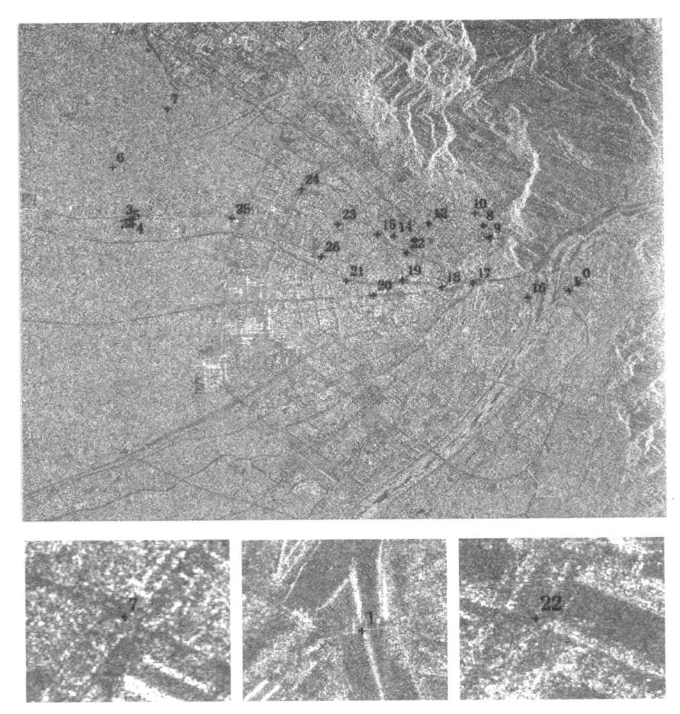

(b) 震后IKONOS(072)、Cosmo-SkyMed(901)影像与像控点

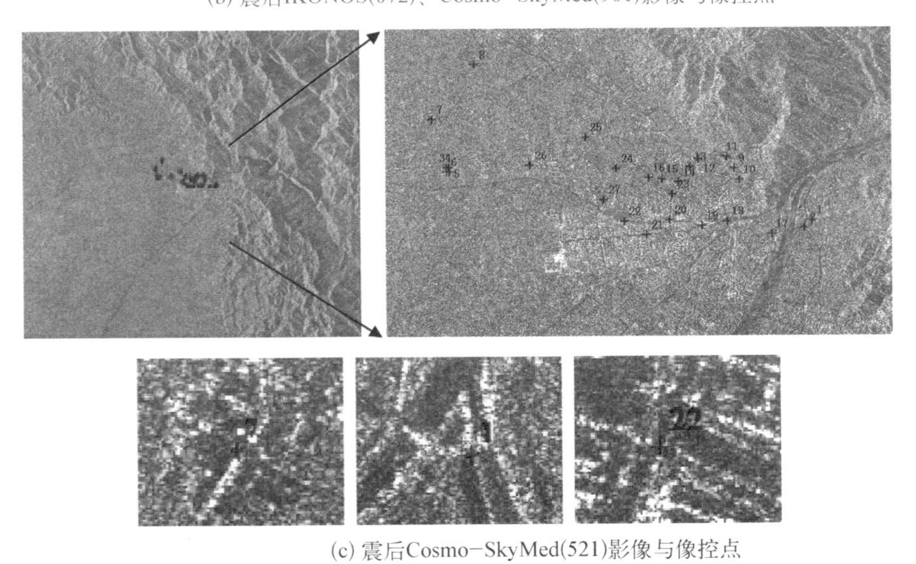

(c) 震后Cosmo-SkyMed(521)影像与像控点

图 2-5　震后 COSMO-SKYMED 影像和控制点分布图

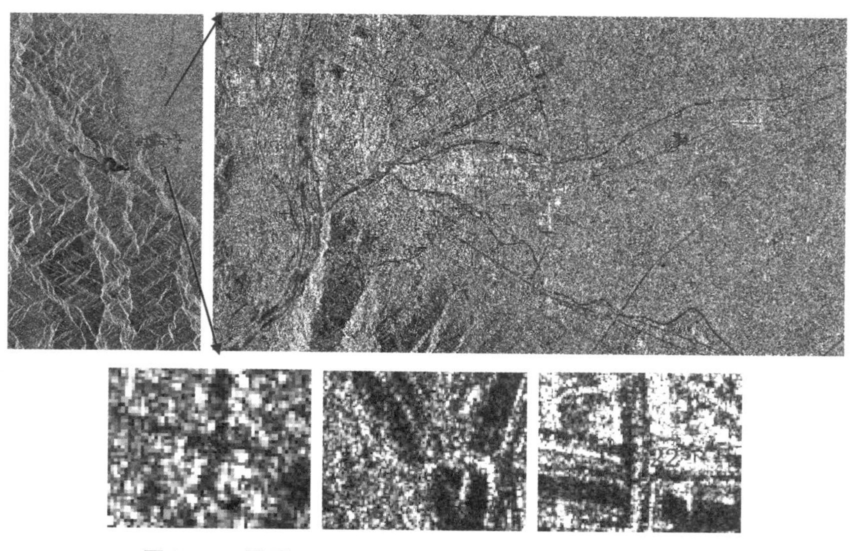

图 2-6　震后 TerraSAR-X(522)影像和控制点分布图

2.3　数据预处理

数据预处理主要包括两个部分，一个是根据像控点地面三维坐标，量测相对应的左、右像像点坐标，另一个是将震前的地形图截取的像控点三维坐标转换为 WGS84 坐标系。

2.3.1　像点的选取与量测

像点的选取主要是根据影像与实际地形特点选取较为容易识别和实测的目标点，一般为道路交叉点、房角点、桥梁与道路交叉点、其他明显角点。像控点的量测使用目视解译的方法进行量测。

2.3.2　坐标转换

由于获取的震前地形图是当地坐标系 1980 都江堰城建坐标系，而后续的 RPC 光束法平差基于 WGS84 坐标系，因此需要将 1980 都江堰城建坐标系转换到 WGS84 坐标系。通过 9 对 1980 城建坐标系和 1980 西安坐标系的同名点对，应用相似变换（四参数）即可实现它们的相互转换；同时还获得了 5 对西安 1980 坐标系和 WGS84 坐标系同名点对，利用七参数进行三维坐标转换，然而，高程精度还存在较大的误差，所以用二次多项式拟合高程残差来进行高程异常改正。基于四参数和七参数的都江堰 1980 城建坐标系与 WGS84 坐标系的坐标转换流程图如图 2-7 所示。

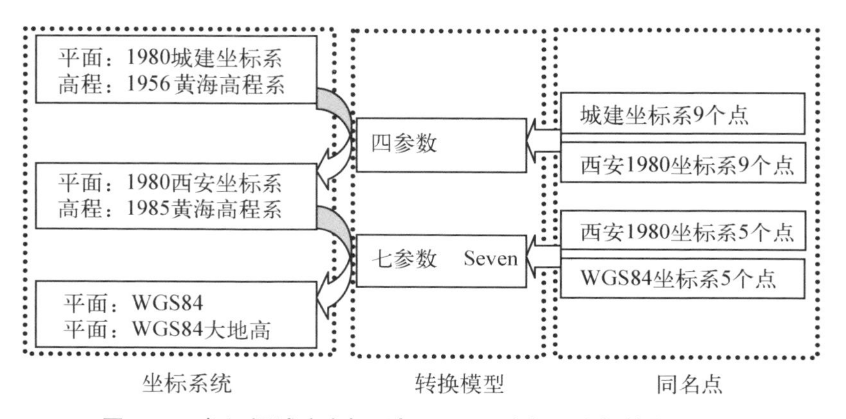

图 2-7 都江堰城建坐标系与 WGS84 坐标系坐标转换流程图

坐标系统分为两个部分：一个是平面坐标系，另一个是高程系。由于 1956 黄海高程系比 1985 黄海高程系高 0.029 m，因此，地形图的高程点可以直接按上述关系转换成 1985 黄海高程系。而平面坐标则由四参数模型进行转换，转换精度为平面 0.025 m。西安 1980 坐标采用七参数转换为 WGS84 三维坐标平面和高程精度分别为：0.021 m、0.030 m。

2.4 本章小结

本章介绍了本书采用的主要数据源和基本的数据预处理，主要包括三个部分：① 简述选取的试验区域，即为震后房屋倒塌较为严重的都江堰市区；② 详述了获取地面 GPS 观测数据的基本过程和获得的震后 GPS 实测数据分布、数量和质量，对比分析了震前、震后 IKONOS 光学立体影像和震后 COSMO - SKYMED、TerraSAR - X 雷达影像的覆盖范围和基本属性；③ 将震前的 1∶500 地形图数据利用若干同名点采用四参数、七参数等方法进行坐标转换将其转换为卫星影像使用的 WGS84 坐标系。

第3章 基于同源、异源的HRSI联合立体定位框架理论

由于震后常常伴随着恶劣的云雨天气，光学卫星遥感受恶劣气候特别是厚云的影响不一定能及时获取立体影像，而SAR则能穿透云层并且不受白天黑夜的影响，因此可以灵活构建同源立体(同源光学-同源光学、同源SAR-同源SAR)、异源立体(异源光学-异源光学、异源SAR-异源SAR、异源光学-异源SAR)为震害受损实物量精细化评估提供较为完备的基础理论。

传感器有多种类型，不同类型的传感器由于成像的几何特性不同，传感器模型也不同。常用的光学遥感成像模型大多是以共线方程为理论基础的严格物理模型，要建立这类成像模型必须获取各种成像参数，对卫星影像来说包括轨道参数和传感器平台的方位参数以及焦距等；而SAR严格成像模型应用最广的是距离-多普勒方程，该模型同样需要获得传感器的位置、速度以及传感器的频率等信息。遥感卫星影像一般都是采用线阵推扫方式，成像机理通常远比框幅式航空影像复杂得多，同时随着各种新型传感器的不断出现，特别是异源遥感的联合定位，现有的商用摄影测量软件暂未见有能处理的模块，同时由于建立物理传感器所需的各种传感器成像参数并非总能获得，因此，构建一种独立于严格物理模型的通用成像

模型框架来统一进行同源、异源遥感联合定位是非常有意义的。有理函数模型是现今应用最为成功的通用传感模型，因此，本章将详细探讨有理函数模型与偏差修正模型、距离-多普勒模型与有理函数模型的转换以及同源、异源联合定位模型。

3.1　HRSI的严格物理模型

3.1.1　基于共线方程的光学影像严格物理模型

HRSI光学影像一般是线阵CCD推扫式成像，它是由线阵列传感器沿飞行方向推扫而形成的。图3-1所示即为线阵CCD推扫式影像成像方式。

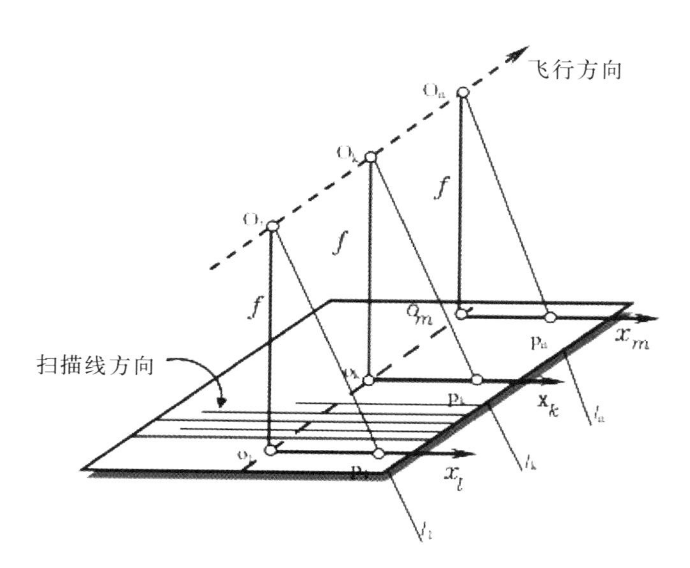

图3-1　线阵CCD推扫式影像成像方式(张过,2005)[16]

假设飞行方向为像坐标x方向，扫描行方向为像坐标y方向(x轴为飞行方向，y轴均为扫描线方向)，则物像的中心投影关系写成共线方程的形式为

$$
\begin{aligned}
0 &= -f\frac{a_1(X_P-X_S)+b_1(Y_P-Y_S)+c_1(Z_P-Z_S)}{a_3(X_P-X_S)+b_3(Y_P-Y_S)+c_3(Z_P-Z_S)} \\
y_i &= -f\frac{a_2(X_P-X_S)+b_2(Y_P-Y_S)+c_2(Z_P-Z_S)}{a_3(X_P-X_S)+b_3(Y_P-Y_S)+c_3(Z_P-Z_S)}
\end{aligned} \tag{3-1}
$$

式中，X_S，Y_S，Z_S为卫星的位置；X_P，Y_P，Z_P为地面目标点位置；a_i、b_i、c_i为旋转矩阵元素，其与各旋转角（φ，ω，κ）的关系如下：

$$
\begin{cases}
a_1 = \cos\varphi\cos\kappa - \sin\varphi\sin\omega\sin\kappa \\
a_2 = -\cos\varphi\sin\kappa - \sin\varphi\sin\omega\cos\kappa \\
a_3 = -\sin\varphi\cos\omega \\
b_1 = \cos\omega\sin\kappa \\
b_2 = \cos\omega\cos\kappa \\
b_3 = -\sin\omega \\
c_1 = \sin\varphi\sin\kappa + \cos\varphi\sin\omega\sin\kappa \\
c_2 = -\sin\varphi\sin\kappa + \cos\varphi\sin\omega\cos\kappa \\
c_3 = \cos\varphi\cos\omega
\end{cases} \tag{3-2}
$$

同时，线阵影像的外方位元素随着时间变化，因此可以用多项式来拟合线阵上任意行的外方位元素：

$$
\begin{aligned}
X_S &= X_{S0} + \dot{X}_S \cdot t + \ddot{X}_S \cdot t^2 + \cdots \\
Y_S &= Y_{S0} + \dot{Y}_S \cdot t + \ddot{Y}_S \cdot t^2 + \cdots \\
Z_S &= Z_{S0} + \dot{Z}_S \cdot t + \ddot{Z}_S \cdot t^2 + \cdots \\
\varphi &= \varphi_0 + \dot{\varphi} \cdot t + \ddot{\varphi} \cdot t^2 + \cdots \\
\omega &= \omega_0 + \dot{\omega} \cdot t + \ddot{\omega} \cdot t^2 + \cdots \\
\kappa &= \kappa_0 + \dot{\kappa} \cdot t + \ddot{\kappa} \cdot t^2 + \cdots
\end{aligned} \tag{3-3}
$$

式中，(X_{S0}，Y_{S0}，Z_{S0}，φ_0，ω_0，κ_0) 为起始扫描行的外方位元素；($\dot{X}_S$，$\dot{Y}_S$，$\dot{Z}_S$，$\dot{\varphi}$，$\dot{\omega}$，$\dot{\kappa}$) 为外方位元素的一阶变率，($\ddot{X}_S$，$\ddot{Y}_S$，$\ddot{Z}_S$，$\ddot{\varphi}$，$\ddot{\omega}$，$\ddot{\kappa}$) 为外方位元素的二阶变率。

3.1.2　基于距离-多普勒方程的 SAR 影像严格物理模型

由于星载 SAR 在距离向是斜矩图像，而在方位向上应用了多普勒频移进行图像的合成处理，因此依据距离-多普勒(Curlander，1982)[44] 建立的 SAR 成像模型具有严格的物理意义和准确的约束条件。通过飞行方向和扫描方向成 90°处理，高分辨率卫星遥感 SAR 满足零多普勒中心频率条件，另外近似考虑地面目标点符合地球椭球模型，可以将基于距离-多普勒方程的 SAR 定位模型表达如下：

$$\begin{cases} F_3 = V_{XS} \cdot (X_S - X_P) + V_{YS} \cdot (Y_S - Y_P) + V_{ZS} \cdot (Z_P - Z_P) = 0 \\ F_4 = \sqrt{(X_S - X_P)^2 + (Y_S - Y_P)^2 + (Z_S - Z_P)^2} - D_C - M_C \cdot Colums = 0 \\ F_5 = \dfrac{X_P^2 + Y_P^2}{(WGS84\_a + h_{avg})^2} + \dfrac{Z_P^2}{(WGS84\_b + h_{avg})^2} - 1 = 0 \end{cases} \tag{3-4}$$

式中　V_{XS}，V_{YS}，V_{ZS}——卫星的速度；

X_S，Y_S，Z_S——卫星的位置；

X_P，Y_P，Z_P——地面目标点位置；

$WGS84\_a$，$WGS84\_b$——地球的长半轴和短半轴；

h_{avg}——影像覆盖区域的平均高程；

D_C——近地点地斜矩；

M_C——斜矩的空间分辨率。

同时，根据卫星在轨运行较为平稳的特点，可以近似根据低阶多项式与时间内插出卫星的位置，即

$$\begin{cases} X_S = o_0 + o_1 \cdot t + o_2 \cdot t^2 + o_3 \cdot t^3 \\ Y_S = p_0 + p_1 \cdot t + p_1 \cdot t^2 + p_3 \cdot t^3 \\ Z_S = q_0 + q_1 \cdot t + q_2 \cdot t^2 + q_3 \cdot t^3 \end{cases} \tag{3-5}$$

由于卫星速度是卫星位置对时间的导数，所以卫星速度可以表达为

$$\begin{cases} V_{XS} = o_1 + 2 \cdot o_2 \cdot t + 3 \cdot o_3 \cdot t^2 \\ V_{YS} = p_1 + 2 \cdot p_2 \cdot t + 3 \cdot p_3 \cdot t^2 \\ V_{ZS} = q_1 + 2 \cdot q_2 \cdot t + 3 \cdot q_3 \cdot t^2 \end{cases} \tag{3-6}$$

方程(3-6)进一步对时间求导，得到卫星加速度与时间的关系如下：

$$\begin{cases} A_{XS} = 2 \cdot o_2 + 6 \cdot o_3 \cdot t \\ A_{YS} = 2 \cdot p_2 + 6 \cdot p_3 \cdot t \\ A_{ZS} = 2 \cdot q_2 + 6 \cdot q_3 \cdot t \end{cases} \tag{3-7}$$

其中，o_i、p_i、q_i为待定卫星轨道参数，根据卫星影像辅助文件提供的卫星位置、速度、加速度和相应时间联立式(3-5)、式(3-6)、式(3-7)，利用最小二乘可以解算出该轨道参数。

获得了轨道参数之后，以地面目标点 X_P、Y_P、Z_P为未知数对式(3-4)建立误差方程即可利用最小二乘解算出地面目标点三维坐标。

SAR 影像定位的精度主要取决于卫星遥感平台的位置误差、速度测量误差、雷达系统定时误差、多普勒中心频率估计误差以及地球椭球模型的高度误差等(袁修孝等，2012；zhang 等，2011，2012b；张过和秦绪文，2013)[15,158,159,17]。

3.1.3 卫星几何误差

光学卫星遥感影像定位的精度主要取决于卫星遥感平台的位置误差、

姿态角测量误差、卫星系统定时误差、内方位元素检校误差等。

任何卫星影像都存在其独特的几何误差，卫星遥感影像的误差分为两类(Toutin, 2004c)[136]：影像获取系统引起的影像变形和被观测物引起的影像变形，如表3-1所列。

表3-1　卫星遥感影像的误差源

类　别	子类别	误差源
影像获取系统	平　台	平台运动速度的变化；平台姿态的变化
	传感器	传感器扫描速度的变化；扫描侧视角的变化
	测量设备	钟差或时间不同步
被观测物体	大　气	折射
	地　球	地球曲率；地球自转；地形因素等
	地图投影	大地体到椭球体以及椭球体到地图投影的变换

3.2　有理函数模型与偏差修正模型

3.2.1　有理函数模型与有理函数系数解算

在有理函数模型(Rational Function Model, RFM)(Tao和Hu, 2001; Di等，2003; Fraser和Hanley, 2003; Grodecki和Dial, 2003)[123,46,58,65]中，类似于共线方程的形式，左边是像面坐标(Rows, Colums)，右边是相应地面点空间坐标(U, V, W)为自变量的多项式的比值，即

$$r = F_1 = \frac{P_1(U, V, W)}{P_2(U, V, W)},\ c = F_1 = \frac{P_1(U, V, W)}{P_2(U, V, W)} \tag{3-8}$$

其中，r和c分别为标准化后的像方坐标的列(Colums)与行(Rows)，U, V

和 W 为经过标准化后的纬度(φ)，经度(λ)和高程(h)，其值在$[-1, 1]$之间，这样做的目的是为了避免坐标。值数量级差别过大引入舍入误差，提高计算精度。而 $P_i(i=1, 2, 3, 4)$ 是有理函数系数，标准化形式如下：

$$\begin{cases} U = \dfrac{\varphi - U_{offset}}{U_{scale}} \\ V = \dfrac{\lambda - V_{offset}}{V_{scale}} \\ W = \dfrac{h - W_{offset}}{W_{scale}} \end{cases} \quad \begin{cases} r = \dfrac{Rows - r_{offset}}{r_{scale}} \\ c = \dfrac{Colums - c_{offset}}{c_{scale}} \end{cases} \tag{3-9}$$

式中，U_{offset}、V_{scale} 等分别是平移参数和比例参数。多项式 $P_i(U, V, W)$ $(i=1, 2, 3, 4)$ 的一般形式为

$$P(U, V, W) = \sum_{i=0}^{n_1}\sum_{j=0}^{n_2}\sum_{k=0}^{n_3} m_{ijk} U^i V^j W^k \tag{3-10}$$

式中，$0 \leqslant n_1 \leqslant order$，$0 \leqslant n_2 \leqslant order$，$0 \leqslant n_3 \leqslant order$，且 $n_1 + n_2 + n_3 \leqslant order$。对于 CCD 线阵影像，一般取 $order = 3$。这样，每个 $P(U, V, W)$ 是一个 20 项的三阶多项式：

$$\begin{aligned} P_i(U, V, W) = & a_0 + a_1 U + a_2 V + a_3 W + a_4 UV + a_5 UW + a_6 VW \\ & + a_7 U^2 + a_8 V^2 + a_9 W^2 + a_{10} UVW + a_{11} U^2 V \\ & + a_{12} U^2 W + a_{13} UV^2 + a_{14} V^2 W + a_{15} UW^2 \\ & + a_{16} VW^2 + a_{17} U^3 + a_{18} V^3 + a_{19} W^3 \end{aligned} \tag{3-11}$$

式中的多项式系数 a_i 称为有理函数系数 RPCs。

有理函数模型中的物方坐标一般采用 WGS84 大地坐标系，像点坐标采用像素坐标系，其中经纬度以度(°)为单位，大地高以米为单位。

式(3-1)是 RFM 的正解形式，其反解形式如下：

$$\begin{cases} U = \dfrac{p_1(r,\ c,\ W)}{p_2(r,\ c,\ W)} \\ V = \dfrac{p_3(r,\ c,\ W)}{p_4(r,\ c,\ W)} \end{cases} \tag{3-12}$$

与普通的多项式模型比较，RFM 实际上是多种传感器模型的一种更广义的表达方式，它适用于各类航空、航天传感器模型。基于 RFM 的传感器模型并不要求了解传感器的实际构造和成像过程，因此具有通用成像模型特点，又能隐藏传感器关键参数而受到很多影像提供商的欢迎，比如 IKONOS、QuickBird、WorldView、ZY-3 等影像供应商。

有理函数模型是非线性模型，因此需要首先对有理函数模型进行线性化，然后按最小二乘原理求解有理函数系数，下面以正解 RFM 为例，说明有理函数系数求解过程。

式(3-12)可改写成如下形式：

$$\begin{cases} r = \dfrac{(1,\ U,\ V,\ W,\ \cdots,\ U^3,\ V^3,\ W^3)\ (a_0,\ a_1,\ a_2,\ \cdots,\ a_{19})^{\mathrm{T}}}{(1,\ U,\ V,\ W,\ \cdots,\ U^3,\ V^3,\ W^3)\ (1,\ b_1,\ b_2,\ \cdots,\ b_{19})^{\mathrm{T}}} \\ c = \dfrac{(1,\ U,\ V,\ W,\ \cdots,\ U^3,\ V^3,\ W^3)\ (c_0,\ c_1,\ c_2,\ \cdots,\ c_{19})^{\mathrm{T}}}{(1,\ U,\ V,\ W,\ \cdots,\ U^3,\ V^3,\ W^3)\ (1,\ d_1,\ d_2,\ \cdots,\ d_{19})^{\mathrm{T}}} \end{cases} \tag{3-13}$$

将式(3-13)线性化整理可得到：

$$\begin{cases} D_1 \cdot v_r = (1,\ U,\ \cdots,\ W^3,\ -rU,\ \cdots,\ -rW^3) \cdot \\ \qquad\qquad (a_0,\ a_1,\ \cdots,\ a_{19},\ b_1,\ \cdots,\ b_{19})^{\mathrm{T}} - r \\ D_2 \cdot v_c = (1,\ U,\ \cdots,\ W^3,\ -cU,\ \cdots,\ -cW^3) \cdot \\ \qquad\qquad (c_0,\ c_1,\ \cdots,\ c_{19},\ d_1,\ \cdots,\ d_{19})^{\mathrm{T}} - c \end{cases} \tag{3-14}$$

式中

$$\begin{cases} D_1 = (1, U, V, W, \cdots, U^3, V^3, W^3) \cdot \\ \qquad (1, b_1, b_2, b_3, \cdots, b_{17}, b_{18}, b_{19})^{\mathrm{T}} \\ D_2 = (1, U, V, W, \cdots, U^3, V^3, W^3) \cdot \\ \qquad (1, d_1, d_2, d_3, \cdots, d_{17}, d_{18}, d_{19})^{\mathrm{T}} \end{cases}$$

式(3-14)共有78个未知数,至少需要39个控制点才能解算。由于误差方程组系数阵中包含未知数,所以需要迭代求解以求得最优解。其初值可用去除分母 D_i 的误差方程组解求。式(3-14)用矩阵形式表示为

$$V = AX - L \tag{3-15}$$

其最小二乘解为

$$X = (A^{\mathrm{T}} A)^{-1}(A^{\mathrm{T}} L) \tag{3-16}$$

在解算过程中,可能会因为法方程病态而导致结果不收敛。而谱修正是王新洲和刘丁酉(2002)提出的一种求解病态方程的迭代算法,能较好地处理星载病态方程,设病态线性方程组为

$$AX = b \tag{3-17}$$

式中,A 为任意的 n 阶对称正定阵;X, b 为 $n \times 1$ 的未知向量。

现将式(3-17)两边同时加上其数值解 $\hat{X}$,得

$$(A + I)\hat{X} = b\hat{X} \tag{3-18}$$

由 A 的对称正定性,不论呈良态、病态,均有 $Rank(A+I)=n$,即 $A+I$ 为满秩方阵,故可以采用迭代式求解。针对星载光学影像的误差方程,其具体的迭代算法为

$$\hat{X}^{(k+1)} = (A^{\mathrm{T}} A + I)^{-1}(A^{\mathrm{T}} L + \hat{X}^{k}) \quad k = 1, 2, 3\cdots \tag{3-19}$$

对上式进行迭代解算,直到 $|\hat{X}^{(k+1)} - \hat{X}^{(k)}| < \varepsilon$ 为止。

3.2.2 基于有理函数模型的直接定位

RPC模型提供了一种从像方坐标到物方坐标或者从物方坐标到像方坐

标的转换关系。详细的模型构建可以参考相关文献(Tao 和 Hu，2002；Li 等，2002；Fraser 和 Hanley，2003；Grodecki 和 Dial，2003)[124,85,58,65]。RPC 模型可以表达如下：

将目标点的纬度 (φ)，经度 (λ) 和高程 (h) 作为未知参数对方程(3-8)进行间接平差可以表达为

$$\begin{pmatrix} v_r \\ v_c \end{pmatrix} = \begin{pmatrix} \dfrac{\partial F_1}{\partial \varphi} & \dfrac{\partial F_1}{\partial \lambda} & \dfrac{\partial F_1}{\partial h} \\ \dfrac{\partial F_2}{\partial \varphi} & \dfrac{\partial F_2}{\partial \lambda} & \dfrac{\partial F_2}{\partial h} \end{pmatrix} \cdot \begin{pmatrix} \delta\varphi \\ \delta\lambda \\ \delta h \end{pmatrix} - \begin{pmatrix} r - r^0 \\ c - c^0 \end{pmatrix} \tag{3-20}$$

式中，v_r 和 v_c 为影像坐标残差；$\delta\varphi$，$\delta\lambda$ 和 δh 为物方坐标改正数；r^0 和 c^0 是应用 RPC 参数计算得到的标准化像点坐标；r 和 c 是量测的标准化像点坐标。

3.2.3　基于偏差改正的 RPC 光束法平差

由于影像供应商提供的有理函数系数存在系统性偏差(Grodecki and Dial，2003)[65]，这些偏差在像方反应为量测的像方坐标与实际的像方坐标差异(ΔS 和 ΔL)，可以用多项式来表达他们与像方坐标的关系为

$$\begin{cases} \Delta r = e_0 + e_1 \cdot r + e_2 \cdot c + e_3 \cdot r \cdot c + e_4 \cdot r^2 + e_5 \cdot c^2 + \cdots \\ \Delta c = f_0 + f_1 \cdot r + f_2 \cdot c + f_3 \cdot r \cdot c + f_4 \cdot r^2 + f_5 \cdot c^2 + \cdots \end{cases} \tag{3-21}$$

式中，e_i 和 f_i 为偏差改正模型参数。本书采用四种偏差改正模型，四种参数分类为

(a) 2 参数(e_0，f_0)等，平移改正模型；

(b) 4 参数(e_0，e_1，f_0，f_1)等，平移和比例改正模型；

(c) 6 参数(e_0，e_1，e_2，f_0，f_1，f_2)等，仿射变换改正模型；

(d) 12 参数(e_0—e_5，f_0—f_5)等，二次多项式改正模型。

以六参数仿射变换改正模型为例，方程(3-21)可以表达为

$$\begin{pmatrix} v_r \\ v_c \end{pmatrix} = \begin{pmatrix} \frac{\partial F_1}{\partial \varphi} & \frac{\partial F_1}{\partial \lambda} & \frac{\partial F_1}{\partial h} & 1 & r & c & 0 & 0 & 0 \\ \frac{\partial F_2}{\partial \varphi} & \frac{\partial F_2}{\partial \lambda} & \frac{\partial F_2}{\partial h} & 0 & 0 & 0 & 1 & r & c \end{pmatrix} \cdot \begin{pmatrix} \delta\varphi \\ \delta\lambda \\ \delta h \\ e_0 \\ e_1 \\ e_2 \\ f_0 \\ f_1 \\ f_2 \end{pmatrix} - \begin{pmatrix} r - r^0 \\ c - c^0 \end{pmatrix} \tag{3-22}$$

对每一个 GCP，都可以建立一个像方程(3-22)的误差方程。因此，实际使用时可以为像控点和连接点建立误差方程，利用最小二乘法就可以同时解算偏差改正模型参数和物方三维坐标，详细的解法请参考相关文献(Grodecki 和 Dial，2003；Fraser 和 Hanley，2003)[65,58]。然后将偏差改正后求解的物方三维坐标与 GPS 实测的坐标进行比较，从而估算偏差修正的精度。

3.3 SAR 和光学卫星遥感联合定位模型

3.3.1 同源 HRSI 定位模型

(1) 同源光学和同源光学影像联合定位

如果影像提供商提供的是严格物理模型参数，则直接基于共线方程的严格物理模型进行光束法平差；

如果影像提供商提供的是 RPC 参数，则可以进行 RPC 光束法平差。

（2）同源SAR-同源SAR影像联合定位

如果影像提供商提供的是严格物理模型参数，则直接基于距离-多普勒方程的严格物理模型进行光束法平差；

如果影像提供商提供RPC参数，则可以进行RPC光束法平差。

3.3.2　异源HRSI定位模型

（1）异源光学-异源光学影像联合定位

如果光学影像1和光学影像2提供的都是严格物理模型参数，则可以基于共线方程进行光束法平差；

如果光学影像1和光学影像2提供的都是RPC参数，则可以进行RPC光束法平差；

如果异源光学影像其中之一提供严格物理模型参数，另一影像提供RPC参数，则可以将严格物理模型参数转换为RPC参数，详细的转换过程见3.3.3节，然后再进行RPC光束法平差。

（2）异源SAR-异源SAR影像联合定位

如果SAR影像1和SAR影像2提供的都是严格物理模型参数，则可以基于距离-多普勒方程进行光束法平差；

如果SAR影像1和SAR影像2提供的都是RPC参数，则可以进行RPC光束法平差；

如果异源SAR影像其中之一提供严格物理模型参数，另一影像提供RPC参数，则可以将严格物理模型参数转换为RPC参数，详细的转换过程见3.3.3节，然后再进行RPC光束法平差。

（3）异源光学-异源SAR影像联合定位

如果光学影像和SAR影像提供的都是严格物理模型参数，则可以基于共线方程和距离-多普勒方程进行光束法平差；

如果光学影像和SAR影像提供的都是RPC参数，则可以进行RPC光束法平差；

如果异源光学影像或 SAR 影像其中之一提供严格物理模型参数，另一影像提供的是 RPC 参数，则可以将严格物理模型参数转换为 RPC 参数，详细的转换过程见 3.3.3 节，然后再进行 RPC 光束法平差。

3.3.3 严格物理成像模型与有理函数模型转换

高分辨率卫星严格物理模型与有理函数模型的转换(张永生，2004；zhang 等，2010，2011，2012a；Capaldo 等，2011，2012)[20,156,158,157,34,35]一般采用与地形无关的方案，其主要步骤如下：

(a) 将图像均分为 m 行、n 列，得到 $m+1$ 行、$n+1$ 列个均匀分布的像点；

(b) 将图像覆盖区的高程均分为 k 层，每一层具有相同的高程 h，因此可以生成 $(m+1)\times(n+1)\times k$ 个在平面、高程上均匀分布的格网点(图 3-2)，并且各像点坐标(Rows，Colums)及高程 h 已知；

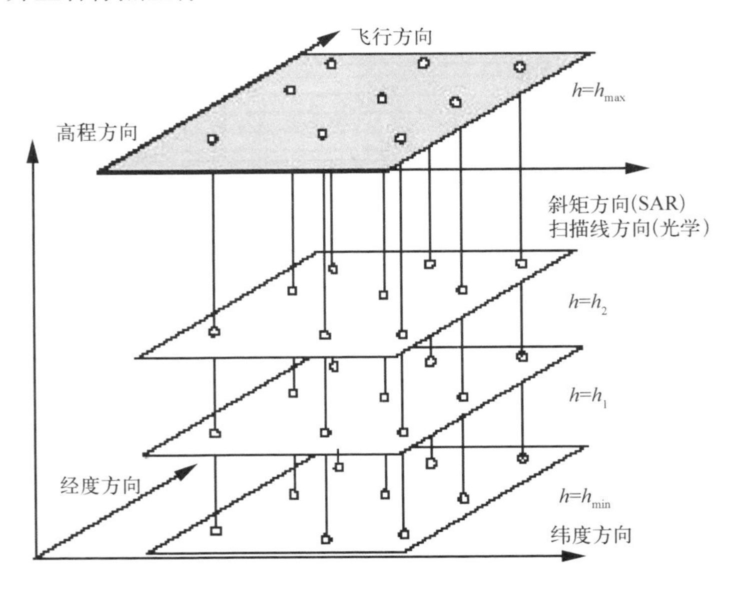

图 3-2 基于地形无关的虚拟控制格网构建(Grodecki and Dial 2003；张永生，2004)[65,20]

(c) 对于光学影像，利用共线方程(3－1)；对于利用 SAR 影像，利用距离-多普勒方程(3－4)，根据各格网点的像点坐标和高程计算出地面坐标(X, Y)，这样就生成了$(m+1)\times(n+1)\times k$个像点坐标和同名地物点坐标；

(d) 利用方程(3－13)—方程(3－19)可以解算出 78 个有理函数参数，这样就完成了从距离多普勒模型到有理函数模型的转换。

当然也可采用先生成均匀物方均匀格网点，然后再根据严格物理模型计算像方坐标的方式生成格网点，该方法需要考虑的是地面高程对侧视影像的影响较大，而图像辅助文件给定的范围是假设高程为 0 计算出的。

3.3.4　SAR 和光学卫星遥感联合定位

将 SAR 的距离-多普勒成像模型转换为有理函数模型之后，就可以利用有理函数模型式(3－22)对 SAR 和光学卫星遥感立体影像进行联合定位，由于 SAR 影像和光学影像提供的卫星参数均含有误差，因此需要通过偏差改正来提高联合定位精度。

3.4　同源立体定位实验与精度分析

为了获得较好的定位精度，按照均匀分布的原则，实验采用九种 GCP 分布方案，如图 3－3 所示。四种偏差改正模型用于 IKONOS 立体影像的定位偏差修正实验以比较不同定位模型的精度。这四种基于像方的偏差改正模型分别为平移改正模型、平移和比例改正模型、仿射变换改正模型、二次多项式改正模型。

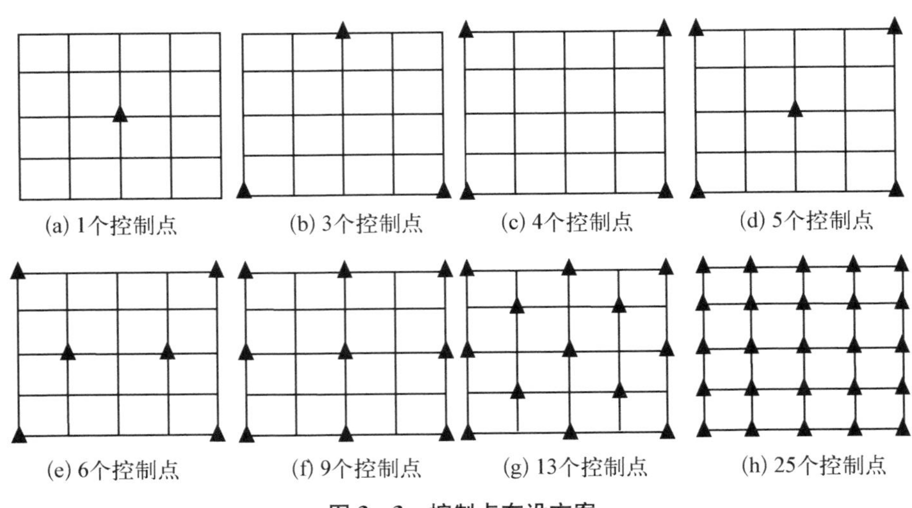

(a) 1个控制点　(b) 3个控制点　(c) 4个控制点　(d) 5个控制点

(e) 6个控制点　(f) 9个控制点　(g) 13个控制点　(h) 25个控制点

图 3-3　控制点布设方案

3.4.1　震前 IKONOS 立体定位试验与精度

图 3-4 所示为基于震前 IKONOS 影像的四种偏差改正模型的定位精度结果。图的横轴为控制点、检核点个数，而纵轴为检核点中误差(m)。

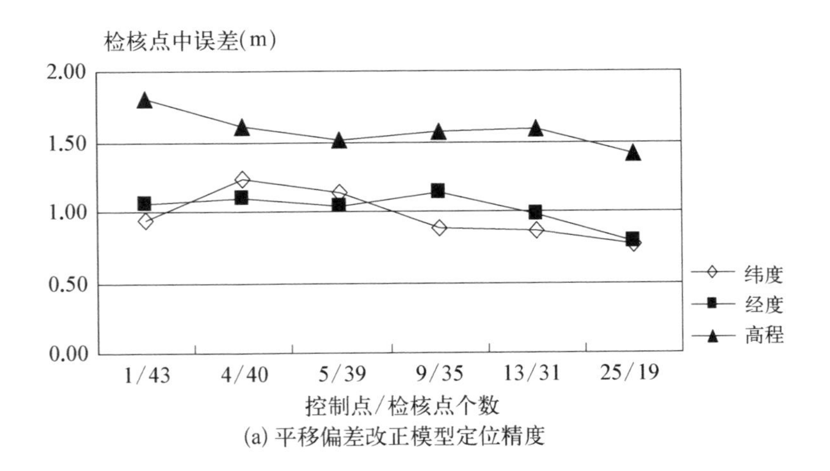

(a) 平移偏差改正模型定位精度

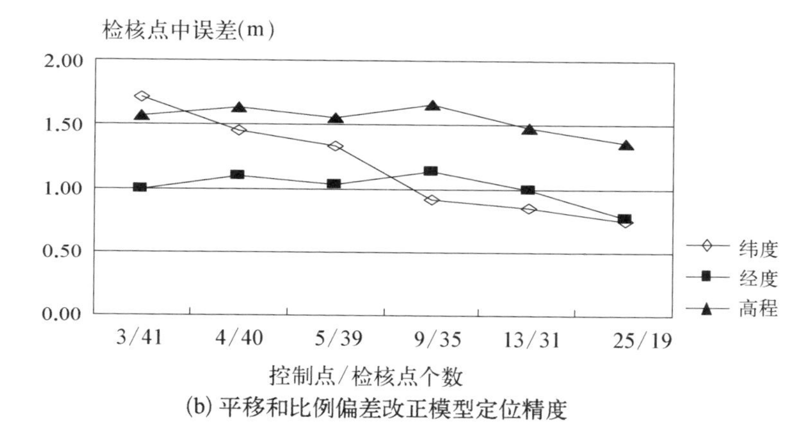

(b) 平移和比例偏差改正模型定位精度

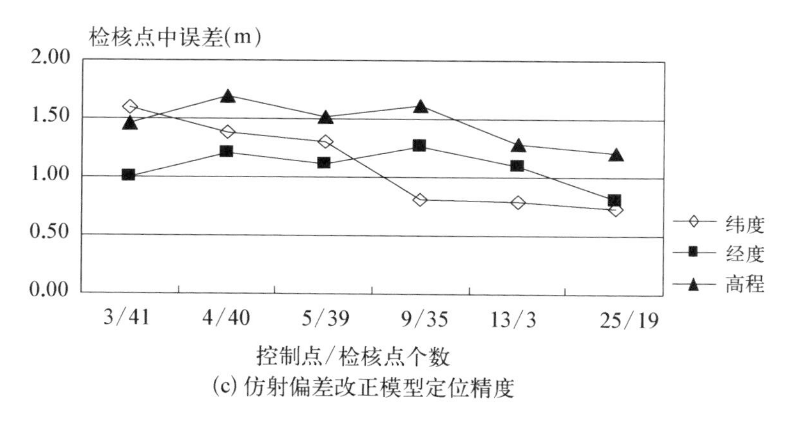

(c) 仿射偏差改正模型定位精度

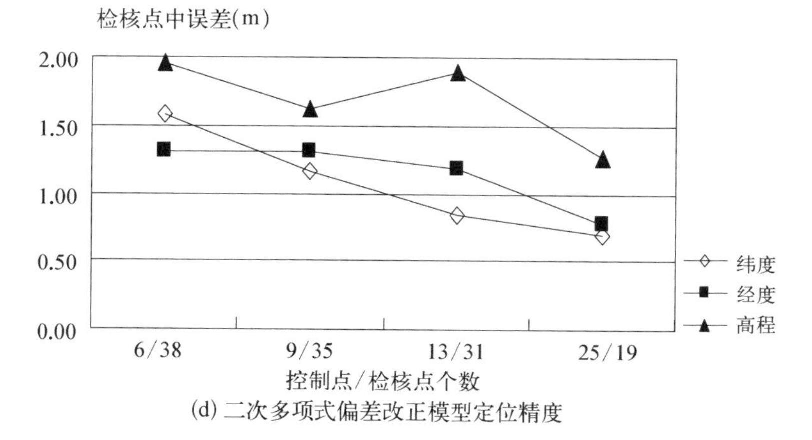

(d) 二次多项式偏差改正模型定位精度

图 3-4　震前 IKONOS 立体定位精度

3.4.2 震后 IKONOS 立体定位试验与精度

图 3-5 所示为基于震后 IKONOS 影像的四种偏差改正模型的定位精度结果。图的横轴为控制点、检核点个数，而纵轴为检核点中误差(m)。

3.4.3 震前、震后 IKONOS 立体定位精度分析

从图 3-4、图 3-5 的定位结果可以看出，① 平移改正模型只需要一个 GCP，震前 IKONOS 平面、高程方向定位精度就可以分别达到 1.43 m 和

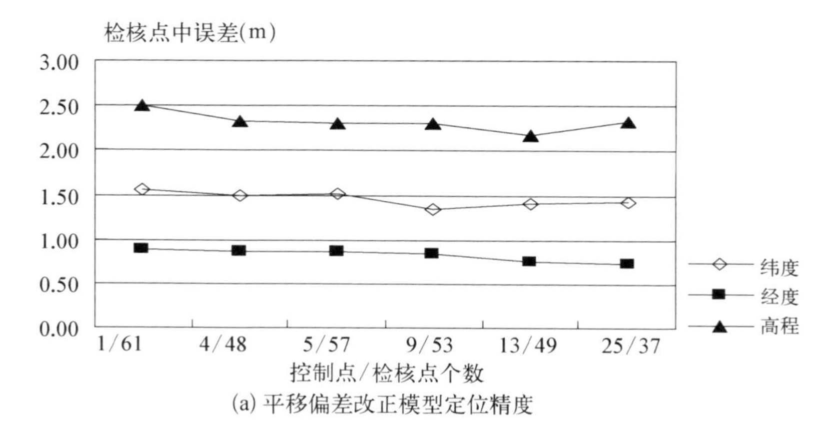

(a) 平移偏差改正模型定位精度

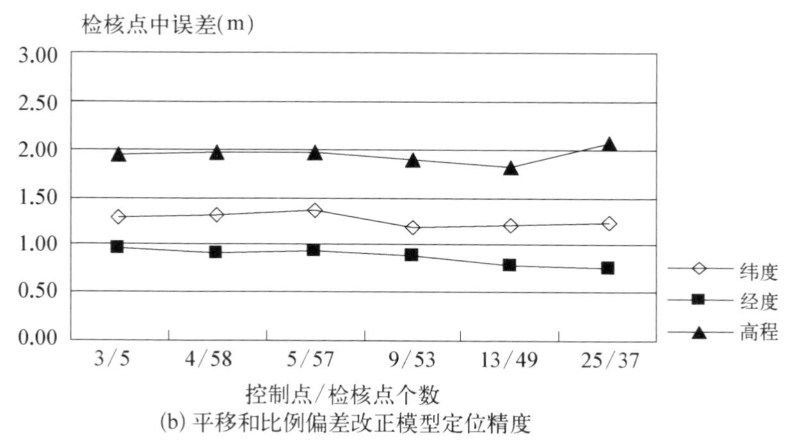

(b) 平移和比例偏差改正模型定位精度

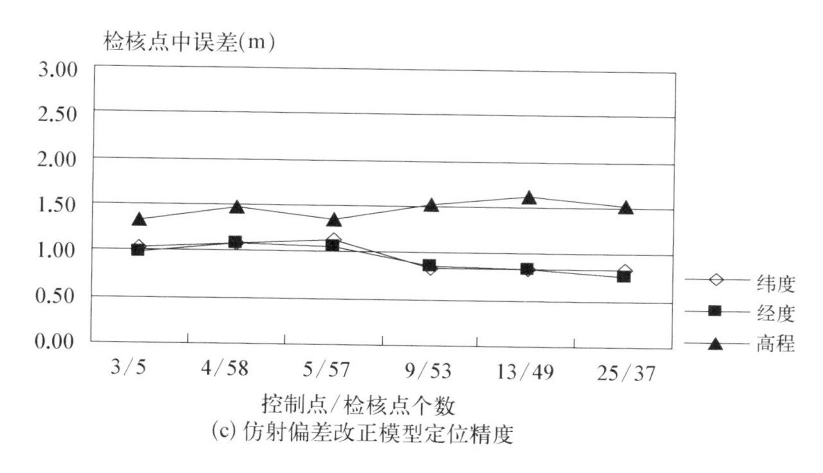

(c) 仿射偏差改正模型定位精度

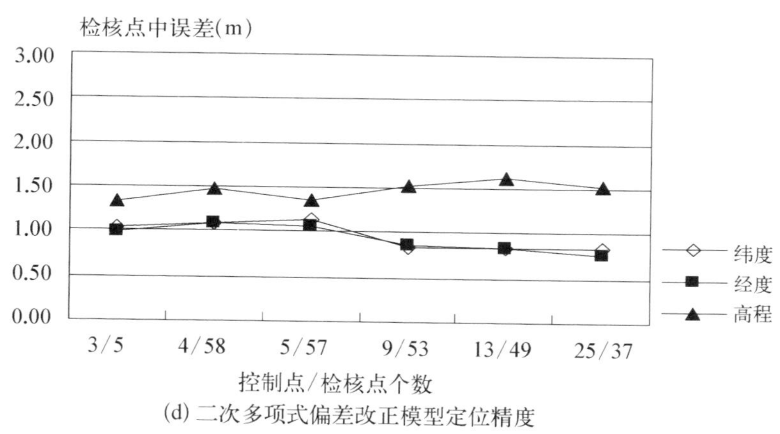

(d) 二次多项式偏差改正模型定位精度

图 3-5　震后 IKONOS 立体定位精度

1.80 m，而震后 IKONOS 平面、高程方向定位精度就可以分别达到 1.79 m 和 2.50 m。这一结果表明移改正模型非常适合用于稀缺 GCP 的震区进行立体定位。② 而对于平移和比例改正模型，仅仅需要 2 个 GCP，在震前、震后 IKONOS 立体定位实验中就能获得大幅度的精度提高。随着 GCP 个数的增加，在震前的定位实验中，纬度方向的定位精度从 1.71 m(3 个 GCPs) 提高到 0.74 m(25 个 GCPs)。然而在震后的定位实验中，纬度方向的定位精度却没有明显的改进。③ 仿射变换改正模型在震后的立体定位实验中

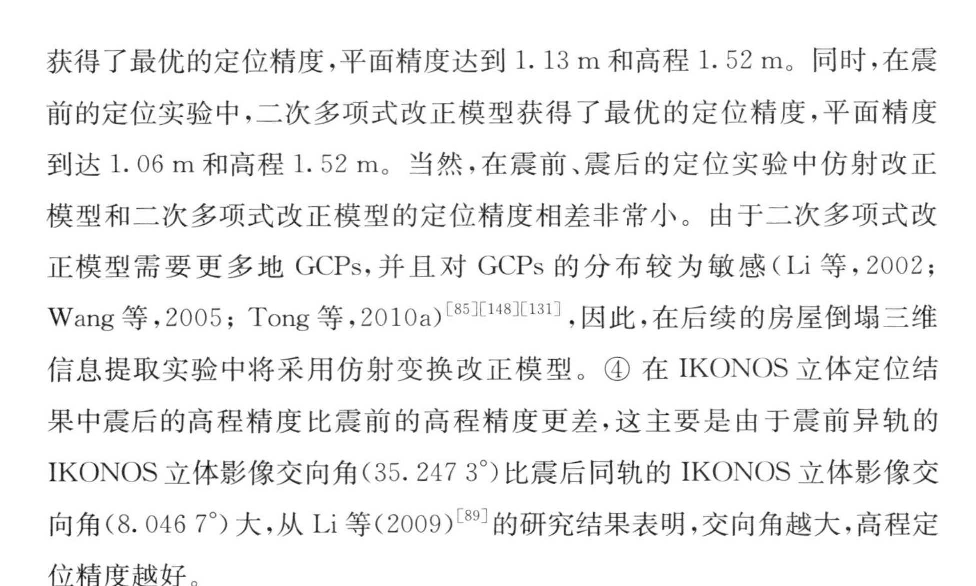
获得了最优的定位精度，平面精度达到 1.13 m 和高程 1.52 m。同时，在震前的定位实验中，二次多项式改正模型获得了最优的定位精度，平面精度到达 1.06 m 和高程 1.52 m。当然，在震前、震后的定位实验中仿射改正模型和二次多项式改正模型的定位精度相差非常小。由于二次多项式改正模型需要更多地 GCPs，并且对 GCPs 的分布较为敏感（Li 等，2002；Wang 等，2005；Tong 等，2010a）[85][148][131]，因此，在后续的房屋倒塌三维信息提取实验中将采用仿射变换改正模型。④ 在 IKONOS 立体定位结果中震后的高程精度比震前的高程精度更差，这主要是由于震前异轨的 IKONOS 立体影像交向角（35.247 3°）比震后同轨的 IKONOS 立体影像交向角（8.046 7°）大，从 Li 等（2009）[89]的研究结果表明，交向角越大，高程定位精度越好。

3.5 异源 SAR 和光学影像联合定位实验与精度分析

由于 SAR 影像存在诸多噪声，同时采集影像的时间最大相差 3 年，因此获得的震后 Cosmo - SkyMed、TerraSAR - X、IKONOS 同名像控点只有 26 个，如图 3 - 6 所示，其中，Cosmo - SkyMed（901）分辨率为 1 m、Cosmo - SkyMed（521）分辨率为 3 m、TerraSAR - X（522）分辨率为 3 m、IKONOS（072）分辨率为 1 m。

为了后续精度比较，将传感器代号改成相应空间分辨率，四个传感器成像时刻与地面目标点相互关系如图 3 - 7 所示。根据前述图 3 - 3 所示的控制点分布方案进行异源定位实验，表 3 - 2 列出了本实验中使用到的 SAR 和光学遥感立体像对的关系参数。本实验将四种不同源遥感数据两两进行立体定位，共组成 6 对立体像对，控制点方案采用图 3 - 3 所示的 4、

6、9 均匀分布方案和全部点作为控制点方案。表 3-3—表 3-8 列出了遥感影像 Cosmo-SkyMed、TerraSAR-X、IKONOS 联合定位的精度。

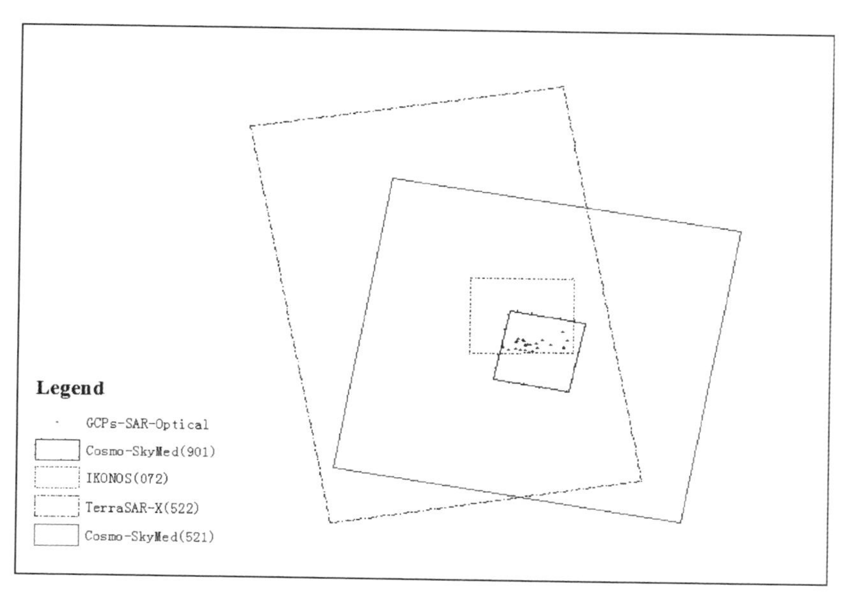

图 3-6　用于联合定位的异源遥感影像和像控点分布图

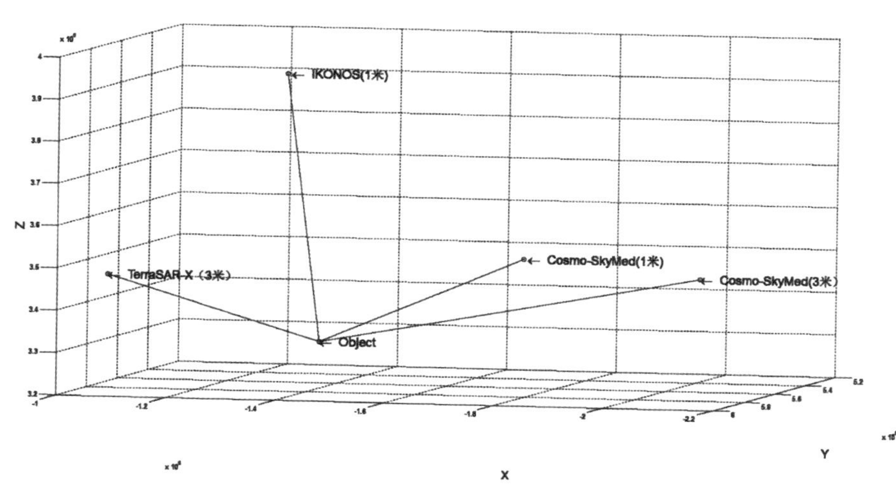

图 3-7　四个传感器成像时刻与地面目标点相互关系图

表 3-2　SAR 和光学遥感立体像对的关系参数

立　体　像　对	交会角/°	基高比	分辨率/m	基高/分辨率
IKONOS(1 m)-Cosmo-SkyMed(1 m)	60.83	0.93	1+1	0.47
Cosmo-SkyMed(1 m)-TerraSAR-X(3 m)	69.97	1.32	1+3	0.33
IKONOS(1 m)-Cosmo-SkyMed(3 m)	75.93	1.25	1+3	0.31
Cosmo-SkyMed(3 m)-TerraSAR-X(3 m)	86.65	1.82	3+3	0.30
IKONOS(1 m)-TerraSAR-X (3 m)	64.54	0.89	1+3	0.22
Cosmo-SkyMed(1 m)-Cosmo-SkyMed(3 m)	15.41	0.39	1+3	0.10

表 3-3　震后 IKONOS(1 m) 和 Cosmo-SkyMed(1 m)联合定位精度

偏差改正模型	控制点/检核点	纬度方向精度	经度方向精度	高程方向精度	纬度方向最大误差	经度方向最大误差	高程方向最大误差
平移	4/22	0.700	0.863	1.046	1.276	1.616	2.824
	6/20	0.800	0.898	1.073	1.436	1.508	2.779
	9/17	0.851	0.965	1.006	1.434	1.699	2.722
	26/26	0.639	0.796	1.029	1.174	1.563	2.519
平移+比例	4/22	0.650	0.869	1.027	1.263	1.575	2.605
	6/20	0.776	0.922	1.078	1.404	1.652	2.579
	9/17	0.817	0.982	1.067	1.462	1.705	2.972
	26/26	0.618	0.793	1.031	1.193	1.574	2.448
仿射变换	4/22	0.782	0.876	1.170	1.660	1.590	2.863
	6/20	0.891	0.926	1.121	1.859	1.639	2.683
	9/17	0.968	0.989	1.019	1.873	1.734	2.743
	26/26	0.613	0.792	1.003	1.199	1.596	2.208
二次多项式	6/20	0.892	0.972	1.367	1.638	1.743	2.670
	9/17	0.943	1.093	1.083	1.677	1.972	2.026
	26/26	**0.578**	**0.752**	**0.862**	1.34	1.475	1.923

表 3-4　震后 Cosmo-SkyMed（1 m）和 Cosmo-SkyMed(3 m)联合定位精度

偏差改正模型	控制点/检核点	纬度方向精度	经度方向精度	高程方向精度	纬度方向最大误差	经度方向最大误差	高程方向最大误差
平移	4/22	0.998	0.977	0.936	1.994	2.481	2.568
	6/20	1.011	1.006	1.004	1.916	2.368	2.649
	9/17	1.092	0.97	1.04	1.924	2.032	2.646
	26/26	0.941	0.964	0.913	1.864	2.331	2.361
平移+比例	4/22	0.948	1.041	0.905	2.037	2.159	2.208
	6/20	0.981	1.067	0.964	1.962	2.062	2.287
	9/17	1.062	1.076	1.002	1.966	1.868	2.62
	26/26	0.875	0.977	0.871	1.743	1.916	2.175
仿射变换	4/22	1.156	1.173	0.977	2.688	2.492	2.258
	6/20	1.128	1.022	1.018	2.450	2.191	2.230
	9/17	1.193	1.047	0.986	2.379	1.739	2.615
	26/26	0.845	0.950	0.86	1.857	2.077	2.199
二次多项式	6/20	1.352	1.13	1.049	2.816	2.234	2.452
	9/17	1.349	1.09	1.081	2.562	1.952	2.606
	26/26	**0.806**	**0.786**	**0.813**	1.728	1.764	2.214

表 3-5　震后 IKONOS(1 m)和 Cosmo-SkyMed(3 m)联合定位精度

偏差改正模型	控制点/检核点	纬度方向精度	经度方向精度	高程方向精度	纬度方向最大误差	经度方向最大误差	高程方向最大误差
平移	4/22	1.144	0.790	1.772	2.067	1.731	4.794
	6/20	1.181	0.780	1.684	1.972	1.573	4.353
	9/17	1.346	0.857	1.669	2.287	1.677	4.585
	26/26	1.067	0.704	1.695	2.15	1.530	4.301
平移+比例	4/22	1.171	0.776	2.415	2.296	1.687	6.615
	6/20	1.201	0.800	1.819	2.051	1.558	4.961

续 表

偏差改正模型	控制点/检核点	纬度方向精度	经度方向精度	高程方向精度	纬度方向最大误差	经度方向最大误差	高程方向最大误差
平移+比例	9/17	1.343	0.870	1.669	2.332	1.677	4.453
	26/26	1.077	0.706	1.686	2.004	1.546	4.009
仿射变换	4/22	1.111	0.781	2.305	2.639	1.682	6.019
	6/20	1.142	0.793	1.898	2.206	1.532	4.593
	9/17	1.321	0.862	1.597	2.248	1.651	4.301
	26/26	0.998	0.701	1.617	2.372	1.515	3.566
二次多项式	6/20	1.431	0.909	1.327	2.718	1.847	2.767
	9/17	1.34	0.962	1.126	2.299	1.754	1.988
	26/26	**0.844**	**0.681**	**0.938**	1.685	1.358	1.957

表 3-6　震后 Cosmo-SkyMed(3 m) 和 TerraSAR-X(3 m)联合定位精度

偏差改正模型	控制点/检核点	纬度方向精度	经度方向精度	高程方向精度	纬度方向最大误差	经度方向最大误差	高程方向最大误差
平移	4/22	2.493	1.446	1.143	6.075	3.125	2.636
	6/20	2.682	1.195	1.042	6.477	2.376	2.269
	9/17	2.656	1.265	1.078	5.746	2.592	2.180
	26/26	2.720	1.217	1.124	5.776	2.552	2.309
平移+比例	4/22	3.027	1.770	1.566	6.718	4.053	3.175
	6/20	3.129	1.135	1.167	7.041	2.120	2.568
	9/17	3.026	1.185	1.080	6.192	2.367	2.340
	26/26	2.666	1.158	1.119	6.087	2.297	2.382
仿射变换	4/22	2.891	1.646	1.682	6.093	3.702	3.470
	6/20	2.643	1.156	1.240	5.879	2.329	2.665

续　表

偏差改正模型	控制点/检核点	纬度方向精度	经度方向精度	高程方向精度	纬度方向最大误差	经度方向最大误差	高程方向最大误差
仿射变换	9/17	2.429	1.176	1.078	5.100	2.400	2.315
	26/26	2.248	1.155	1.117	6.093	2.295	2.366
二次多项式	6/20	3.350	1.475	1.315	8.543	2.949	2.970
	9/17	2.941	1.456	1.291	7.028	2.845	2.605
	26/26	**1.939**	**0.904**	**0.942**	5.207	1.986	2.306

表 3-7　震后 IKONOS(1 m) 和 TerraSAR-X(3 m)联合定位精度

偏差改正模型	控制点/检核点	纬度方向精度	经度方向精度	高程方向精度	纬度方向最大误差	经度方向最大误差	高程方向最大误差
平移	4/22	1.230	0.954	1.375	2.229	2.015	3.036
	6/20	1.302	0.952	1.452	2.391	1.840	3.506
	9/17	1.358	1.057	1.546	2.353	2.035	3.461
	26/26	1.225	0.861	1.347	2.253	1.765	3.132
平移+比例	4/22	1.313	0.931	1.358	2.390	1.837	2.914
	6/20	1.367	0.937	1.390	2.466	1.599	3.321
	9/17	1.413	1.028	1.491	2.527	1.803	3.331
	26/26	1.178	0.831	1.272	2.196	1.584	2.904
仿射变换	4/22	1.358	0.897	1.252	3.196	1.679	2.799
	6/20	1.327	0.925	1.332	2.887	1.584	2.957
	9/17	1.217	1.018	1.411	2.471	1.786	3.020
	26/26	0.978	0.826	1.206	2.641	1.572	2.557
二次多项式	6/20	1.29	0.909	1.752	2.605	1.852	4.382
	9/17	1.263	1.020	1.786	2.157	1.819	4.160
	26/26	**0.958**	**0.782**	**1.160**	2.524	1.593	2.788

表 3-8　震后 Cosmo-SkyMed(1 m) 和 Cosmo-SkyMed(3 m)联合定位精度

偏差改正模型	控制点/检核点	纬度方向精度	经度方向精度	高程方向精度	纬度方向最大误差	经度方向最大误差	高程方向最大误差
平移	4/22	1.076	5.817	3.901	2.823	12.906	8.056
	6/20	1.085	4.538	3.236	2.529	10.157	7.036
	9/17	1.188	4.794	3.362	2.571	9.882	6.704
	26/26	1.183	5.122	3.513	2.776	10.076	7.403
平移+比例	4/22	1.238	7.361	4.637	3.157	16.241	9.727
	6/20	1.070	4.528	3.191	2.538	10.141	6.843
	9/17	1.174	4.739	3.404	2.600	9.833	6.856
	26/26	1.180	5.031	3.455	2.787	9.421	7.236
仿射变换	4/22	1.251	7.907	5.176	3.167	18.611	11.347
	6/20	1.218	4.421	3.077	3.037	9.831	5.620
	9/17	1.321	4.627	3.285	3.048	9.409	6.046
	26/26	1.152	4.955	3.375	2.758	9.799	5.929
二次多项式	6/20	1.745	7.102	4.954	3.717	11.962	9.091
	9/17	1.619	5.859	3.970	3.221	11.436	7.710
	26/26	**0.993**	**4.190**	**2.960**	2.614	8.568	7.053

从表 3-3—表 3-8 列出的定位结果可以看出：

(1) 平移改正模型表现较为稳定，当控制点为 4 个时，定位精度可以达到 1～2 个像元，之后控制点的增加不再显著提高定位精度。

(2) 平移+比例改正模型与仿射改正模型能取得相近的定位精度，当控制点为 4 个时，定位精度可以达到 1～2 个像元，当控制点增加到 6 个时能达到接近 1 个像元的定位精度，之后随着控制点的增加可以达到亚像元的定位精度。

(3) 二次多项式改正模型在控制点较少时表现不如前述改正模型，但是，随着控制点的增加，可以取得最好的定位结果，除了 Cosmo-SkyMed

(1 m) 和 Cosmo - SkyMed (3 m) 像对，其他均取得亚像元定位精度。

(4) 各种像对组合的定位精度特别是高程精度随着基高/分辨率指数值的降低而降低，这与摄影测量中高程精度与基高比成正比、与像元分辨率成反比的结论相符合。需要特别指出的是实验结果显示当基高/分辨率指数为 0.1 或更低时平面和高程精度均比较差，只能到 2 个像元的精度，最大误差能到 3～4 个像元。

(5) 综上结果表明，本书提出的异源联合定位偏差改正模型取得了较好的定位结果，说明本书提出的异源联合定位框架是可行的，能够取得同源遥感立体定位相近的定位精度。

3.6　本 章 小 结

本章采用四种偏差改正模型(平移改正模型、平移加比例改正模型、仿射变换改正模型、二次多项式改正模型)进行立体定位偏差修正，对都江堰震区震前、震后 IKONOS 同源立体影像、震后 Cosmo - SkyMed、TerraSAR - X 和震后 IKONOS 异源立体影像进行联合定位试验。试验结果表明在 IKONOS 同源立体定位中仿射变换改正模型表现较好，可以获得优于 1.1 m的平面精度和 1.5 m 的高程精度，即使实在一个控制点的情况下仍然能获得平面精度优于 2 m，高程精度优于 2.5 m 的定位精度。而异源立体影像定位中二次多项式改正模型也获得了亚像元的定位精度，这表明在震区控制点特别稀缺的情况下仍然可以使用 RPC 光束法平差获得高精度定位结果，为后续的灾害三维信息提取提供了理论基础。

第4章 基于HRSI的震后房屋损失实物量三维精细化评估

房屋倒塌三维几何形变信息更能准确地估算人员伤亡情况。高分辨率卫星遥感立体影像(如IKONOS和QuickBird)具有非常高的定位精度，广泛应用于3D海岸线制图(Li等,2002; Di等,2003)[85,65],3D建筑三维重建(Baltsavias等,2001; Tao and Hu, 2002; Fraser等,2002a; Tao等,2004)[28,124,56,125]和DEM生成(Toutin, 2004a, 2004b; Poon等, 2005; Alobeid等,2010)[134,135,103,26]。

现有研究很少利用高分辨率卫星立体影像进行房屋倒塌三维信息提取与评估。然而,房屋倒塌三维信息提取的关键在于卫星遥感立体影像的定位偏差修正,主要有两种原因: ① 立体影像的定位精度决定了震前、震后房屋倒塌是否能够被探测出,在Turker和Cetinkaya(2005)[144]的报道中,其采用了0.4 m的震前、震后航空影像进行房屋倒塌的提取。该实验结果表明航空影像立体定位的平面精度可以达到0.60 m。但是,IKONOS立体影像的空间分辨率远低于航空影像的空间分辨率,而且卫星影像在进行房屋倒塌的提取时将会有更多的误差和干扰。② 在Tong等(2009)[130]的QuickBird上海实验区立体定位结果表明,直接利用影像公司提供的RPC参数进行定位,其定位精度为纬度方向12.5 m,精度23 m和高程

16 m。相似的结果同样表现在 IKONOS 立体定位实验中(Grodecki 和 Dial，2003；Di 等，2003；Wang 等，2005)[65,46,148]。这些结果均表明，没有偏差改正模型，其定位精度存在 5～10 个像元的系统性偏差，精度不能满足房屋倒塌三维信息的提取与评估，因此需要首先利用第 3 章的偏差修正模型提高立体定位精度之后再进行三维精细化评估。

本章提出了一种利用震前、震后 IKONOS 立体影像提取震后房屋倒塌三维信息并评估其倒塌程度。该方法主要有三个重要的部分，其一是采用 RPC 光束法平差提高立体影像的定位精度以满足后续的房屋灾害损失实物量三维精细化评估，RPC 光束法平差实验已在第 3 章中详细阐述；其二是根据震前、震后房角点的高程变化来提取、评估房屋倒塌的程度；其三是利用震前、震后 IKONOS 立体影像生成的 DSM 提取区域的三维倒塌信息并进行倒塌程度评估。

4.1　房屋倒塌三维提取与评估框架

房屋倒塌提取的技术流程如图 4-1 所示。主要分为：基于 RPC 的光束法平差立体定位计算待求点的三维地面坐标并利用部分已知检核点来评估立体定位的精度，单个房屋倒塌提取和区域房屋倒塌提取三个部分。RPC 光束法平差原理见 3.2.3，震区都江堰震前、震后 IKONOS 立体定位结果见图 3-3 和图 3-4。单个房屋倒塌评估是通过手工采集房角点同名像点，然后应用 RPC 光束法解算出震前、震后房角点三维地面坐标，通过比较房角点的变化并预设每层楼高为 3.5 m，可以计算出倒塌的楼层数，通过所有焦点的倒塌楼层数进行整栋房屋倒塌的评估。区域房屋倒塌主要包含三个过程，首先是利用 Frstner 角点算子来自动探测出大量密集的特征点，然后通过相关系数矩阵、最小二乘匹配来自动匹配出密集的同名点，然

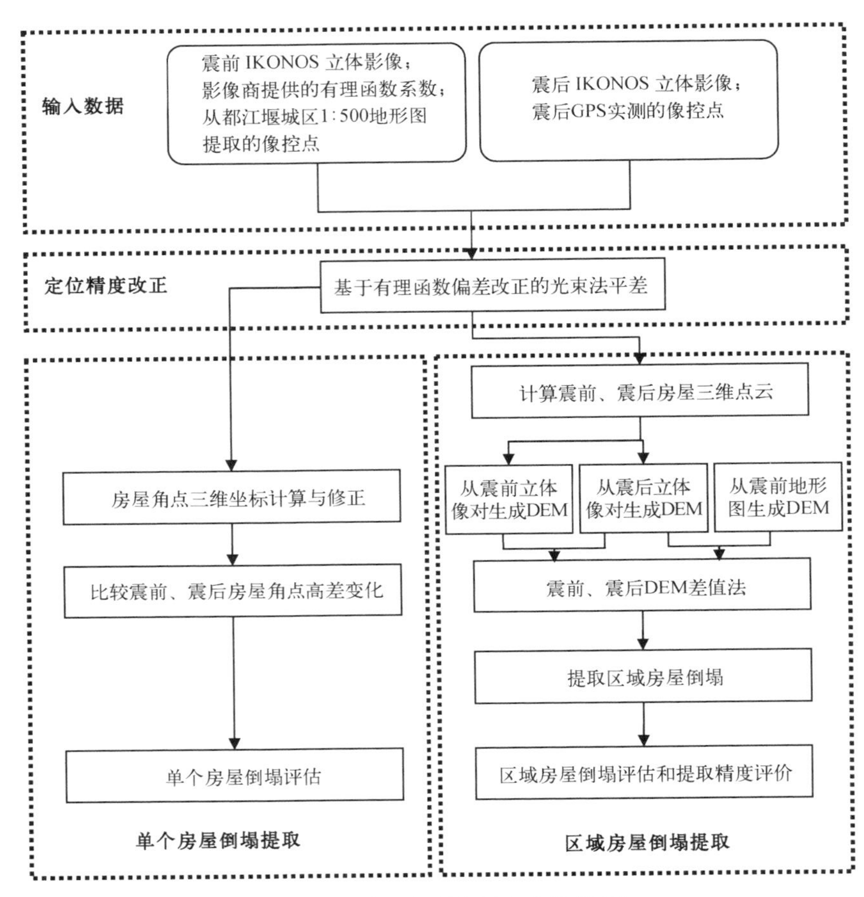

图 4-1　房屋倒塌提取与评估流程

后利用 RPC 光束法平差计算出所有点的三维地面坐标，再生成 DSM，通过比较震前、震后 DSM 的变化来提取房屋倒塌的区域和倒塌的详细情况。

图 4-1 为基于震前、震后高分辨率卫星遥感立体影像的房屋倒塌三维提取与评估的技术流程图。该流程主要包括四个部分：① 从都江堰城区坐标系转换到 WGS84 坐标系，该部分内容见前述 2.3.2 节。② 基于 RPC 的光束法平差进行立体定位偏差修正，该方法详细内容见 3.2.3 节。③ 单个房屋倒塌提取与评估。④ 区域房屋倒塌提取与评估。这些方法将在后续的内容中进一步详述。

4.2　半全局立体匹配

卫星立体影像的立体匹配方法有很多，比如基于面域的立体匹配(Ayache 和 Faverjon，1987；Schmid 和 Zisserman，1997；Sakamoto 等，2001)[27,111,108]和基于核线约束的立体匹配(Gupta 和 Hartley，1997；Kim，2000；Lu 和 Manduchi，2004；Kang，2008；Triggs 和 Bendale，2010)[68,76,91,75,142]。Alobeid 等(2010)[26]比较了几种立体匹配算法，并基于IKONOS 立体影像中进行了实验和匹配精度比较(DSMs)，文中用到了三种匹配算法，最小二乘匹配法(LSM)(Forstner，1982)[55]、动态规划法(DP)(Birchfield and Tomasi，1999)[30]和半全局匹配法(SGM)(Hirschmüller，2006，2008)[71,72]。实验结果表明 SGM 取得了非常好的立体匹配结果和 DSM 精度。因此，在本章中将采用 SGM 对 IKONOS 影像进行立体匹配。

SGM 的主要步骤如下：① 首先将震前、震后立体影像转换为近似核线影像(Morgan，2004)[96]；② 然后利用 SGM 生成立体影像的视差图；③ 根据生成的视差图和近似核线关系将其还原为原始影像的同名匹配像点坐标。

4.3　单个房屋倒塌三维提取模型

其基本思路是：通过立体匹配获得震前、震后立体影像房屋角点的同名像点对，然后采用最优的偏差改正模型进行立体定位获得房角点的精确三维坐标，进而根据震前、震后同名房角点的高度变化进行单个房屋倒塌三维提取。通过现场的调查，都江堰大部分的居民地建筑层高约为 3.5 m，因此,根据获得的房屋角点高度变化和层高可以进行单个建筑的倒塌三维评估。需要特别说明的是,由于部分倒塌后的房屋角点已经难以找到或损毁,因此该部分房角点采用了手工量测该区域相近点来代替。详细的试验结果分析参看 4.5.1 节。

4.4 区域房屋倒塌三维提取模型

这一节是建立在震后倒塌的房屋高度比震前未倒塌的房屋高度更低的假设下进行的。因此使用了震前、震后立体影像生成的 DSM 进行区域房屋倒塌提取与评估。Turker 和 Cetinkaya(2005)[144]采用震前、震后航空立体影像,该震前航空立体影像的空间分辨率可以达到 0.22 m,震后的航空立体影像空间分辨率为 0.4 m。然而,在本书中使用的高分辨率卫星遥感立体影像 IKONOS 只有 1 m,远低于前述航空影像。同时,由于卫星传感器含有更复杂的误差,因此利用该卫星影像生成高精度的 DSM 进行区域房屋倒塌提取具有更大的挑战性。本书采用的房屋倒塌三维提取方法主要包含以下步骤:① 首先采用 SGM 进行立体影像的密集匹配用于生成密集同名点;② 然后利用 RPC 光束法平差进行立体定位偏差改正;③ 根据获得的偏差改正最优模型(仿射变换模型)对前面获得震前、震后密集同名点进行立体定位,生成高精度的密集三维点云,然后采用倒权距离(Su and Bork, 2006)[122]内插方法生成震前、震后的 DSM。同时根据震前的地形图地面高程点和房屋楼层及层高信息,也可以生成震前的 DSM,然后根据震前、震后 DSM 的变化进行区域房屋倒塌三维信息提取。因此本章可以获得两个 DSM 三维变化信息:第一个是同时利用震前、震后立体影像 IKONOS 生成的 DSM 进行差值法,另一个是采用震前地形图生成的 DSM 和震后立体影像 IKONOS 生成的 DSM 进行差值法,详细的结果分析参看 4.5.2 节。

4.5　房屋倒塌三维提取与试验

4.5.1　单个房屋倒塌三维提取与试验

单个房屋倒塌试验选取了四个典型的倒塌建筑震前（IKONOS 影像）、震后影像（IKONOS 影像和 Cosmo－SkyMed（901）影像），如图 4－3 所示。表4－1、表 4－2 分别显示了基于同源立体影像和异源立体影像的单个房屋倒塌提取和评估结果。表格第 1 列表示了四个房屋标号，第 2 列和第 3 列为 RPC 光束法平差立体定位计算出的震前、震后房角点同名点的高程。第 4 列为震后-震前房角点的高程差值。根据第 6 列层高可以计算出每个房角点的倒塌层数，然后与第 5 列的原层数进行比较得出整栋房屋倒塌的级别。当全部房角点倒塌层数都不超过 1 层，则认为是没倒塌（图 4－2（a））；当全部房角点倒塌层数都接近等于原房屋层数时，则整栋楼判为全部倒塌（图4－2（b））；若全部房角点倒塌层数均超过 1 层但未达到原房屋层数（图 4－2（c））或只有部分的角点倒塌超过 1 层（图 4－2（d）），则判定为部分倒塌。

表 4－1　基于同源(1 米 IKONOS 和 1 米 IKONOS)影像的单个房屋倒塌评估

建筑编号	震前房角点高程/m	震后房角点高程/m	高程变化/m	实际楼层	层高/m	估计倒塌层数	倒塌状态
1	700.8	680.1	－20.7	6	3.5	－5.9	全塌
	700.3	681.2	－19.2	6	3.5	－5.5	
	699.6	681.6	－18.0	6	3.5	－5.1	
	700.4	683.3	－17.0	6	3.5	－4.9	
2	697.4	695.5	－1.9	6	3.5	－0.5	
	697.4	695.9	－1.4	6	3.5	－0.4	
	698.0	678.4	－19.6	6	3.5	－5.6	
	698.4	680.7	－17.7	6	3.5	－5.1	

续 表

建筑编号	震前房角点高程/m	震后房角点高程/m	高程变化/m	实际楼层	层高/m	估计倒塌层数	倒塌状态
2	697.7	679.0	−18.7	6	3.5	−5.4	部分塌
	697.7	681.0	−16.7	6	3.5	−4.7	
3	686.4	687.6	1.2	6	3.5	0.3	未塌
	686.7	687.5	0.8	6	3.5	0.2	
	686.2	687.9	1.7	6	3.5	0.5	
	688.4	688.1	−0.4	6	3.5	−0.1	
4	686.1	668.9	−17.1	6	3.5	−4.9	部分塌
	686.7	670.5	−16.2	6	3.5	−4.6	
	687.7	674.5	−13.2	6	3.5	−3.8	
	687.7	671.2	−16.5	6	3.5	−4.7	

表 4-2　基于异源(1 m Cosmo-SkyMed 和 1 m IKONOS)影像的单个房屋倒塌评估

建筑编号	震前房角点高程/m	震后房角点高程/m	高程变化/m	实际楼层	层高/m	估计倒塌层数	倒塌状态
1	700.8	680.5	−20.3	6	3.5	−5.8	全塌
	700.3	680.8	−19.5	6	3.5	−5.6	
	699.6	681.1	−18.5	6	3.5	−5.3	
	700.4	681.3	−19.1	6	3.5	−5.5	
2	697.4	696.8	−0.6	6	3.5	−0.2	部分塌
	697.4	696.7	−0.7	6	3.5	−0.2	
	698.0	679.2	−18.8	6	3.5	−5.4	
	698.4	679.6	−18.8	6	3.5	−5.4	
	697.7	679.9	−17.8	6	3.5	−5.1	
	697.7	679.5	−18.2	6	3.5	−5.2	
3	686.4	687.2	0.8	6	3.5	0.2	未塌
	686.7	687.5	0.8	6	3.5	0.2	
	686.2	687.1	0.9	6	3.5	0.3	
	688.4	687.6	−0.8	6	3.5	−0.2	

续　表

建筑编号	震前房角点高程/m	震后房角点高程/m	高程变化/m	实际楼层	层高/m	估计倒塌层数	倒塌状态
4	686.1	670.3	−15.8	6	3.5	−4.5	部分塌
	686.7	670.1	−16.6	6	3.5	−4.7	
	687.7	670.5	−17.2	6	3.5	−4.9	
	687.7	670.2	−17.5	6	3.5	−5.0	

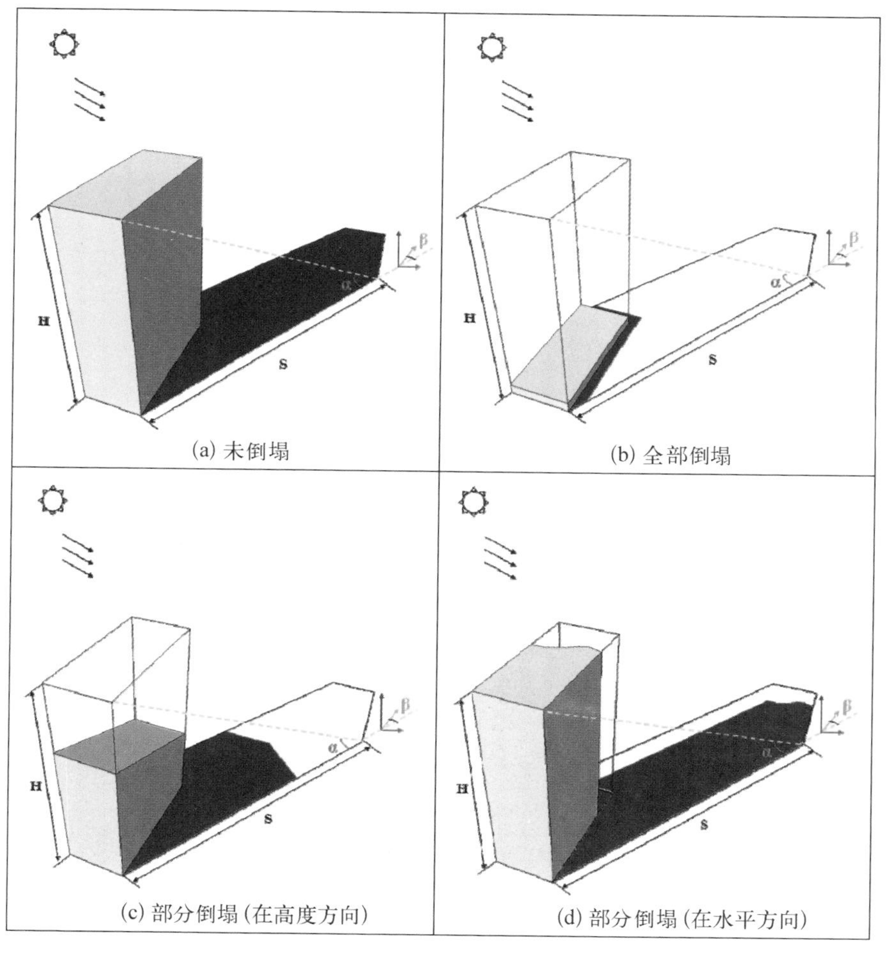

图 4-2　房屋倒塌程度分类(Tong 等,2013)[129]

从表 4-1 可以看出，本章 4.3 节提出的方法可以有效地对单个建筑房屋倒塌程度进行评定。例如：房 1 震后的四个角点高度均比震前角点高度更低，并且倒塌层数接近 6 层，因此判定该房屋全塌。然而，在房 2 中有两个房角点震前、震后的高度几乎不变并且倒塌层数为 0～1，而另外四个房角点则倒塌 5～6 层，因此判定该房为部分塌。当然在房 3 中，其震前、震后的房角点高度几乎相等，因此判定该房未塌。类似的结论可以应用于剩下的房屋倒塌评估中，与实地观测比较，采用本章提出的方法判断的全部四栋房屋的倒塌情况均符合实地调查。

(a) 上左：震前IKONOS影像；上右：震后IKONOS影像；下：震后Cosmo-SkyMed(901)影像

(b) 上左：震前IKONOS影像；上右：震后IKONOS影像；下：震后Cosmo-SkyMed(901)影像

图 4-3　典型倒塌房屋类型

从表 4-2 可以看出，基于异源立体影像进行的单个建筑倒塌评估结果与同源立体影像的评估结果一致，同时由于异源立体的交向角比同源的 IKONOS 立体影像交向角大，因此其获得的高程精度更优，评估的倒塌程度更准确。

图 4-4 还比较了四种偏差改正模型对四个房屋倒塌评估的影响。从

图 4－4 可以看出，四种偏差改正模型（平移改正模型、平移加比例改正模型、仿射变换改正模型、二次多项式改正模型）在四个房屋倒塌评估中表现较为一致，特别是基于仿射变换改正模型和二次多项式改正模型在房角点 1～4 中房屋未塌评估较好，高度变化几乎接近为 0。因此，为了获得更稳定和更高精度的评估结果，本章采用了仿射变换改正模型进行定位偏差修正模型。

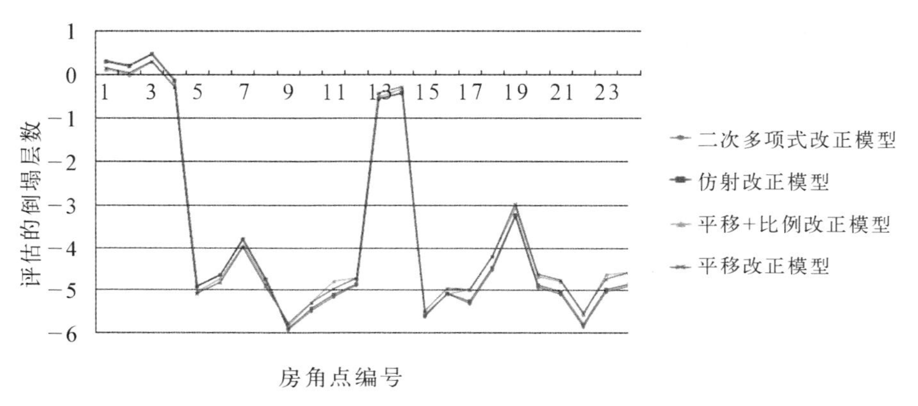

图 4－4　四种偏差改正模型在四个房屋倒塌评估中的比较

4.5.2　区域房屋倒塌三维提取与试验

区域房屋倒塌是应用本书在前述 4.4 节提出的利用震前、震后 DSM 变化来提取区域房屋倒塌三维信息。试验选取了都江堰一小区，如图 4－5，墨绿色的范围为试验区域，红色包围的范围为倒塌区域，蓝色多边形包括的范围为平地。

图 4－6 显示的为利用 SGM 提取的实验区震前、震后 IKONOS 立体影像视差图。

从 SGM 匹配的结果来看，震前的 IKONOS 立体影像匹配成功的同名点比震后要少，主要有两个方面的原因：① 震前影像是异轨的立体像对，不同角度拍摄的影像差别较大，影响影像的匹配效果，而震后的 IKONOS 立

(a) 震前影像

(b) 震后影像

图 4－5　区域倒塌区域实验区

(a) 震前SGM视差图

(b) 震后SGM视差图

图 4－6　IKONOS 立体影像 SGM 视差图

体影像为同轨并且同一天拍摄。② 震前的立体影像交向角比震后的立体影像交向角大很多，而交向角越小，则同名点越相似，反之，则匹配难度加大。

采用SGM进行匹配获得密集同名像点点云后，利用前述3.2.3节提出的RPC光束法平差进行立体定位从而计算出密集三维点云。需要说明的是，在此偏差改正使用了仿射变换改正模型，然后再利用插值算法自动生成震前、震后DSM。同时采用前述4.3节的方法，利用震前都江堰地形图亦可生成震前DSM。图4-7显示了利用不同数据源生成的试验区域震前、震后DSM。在图4-7中，彩色的图例代表的是高程变化分类，主要从以下两个方面考虑：① 都江堰该区域地面平均高程为670.5 m，层高为3.5 m，最大楼层为6层。因此，图例的分类从670.5 m至691.5 m；② 由于三种DSM均有误差，因此图例范围设置为三种DSM的最小高程到最大高程。

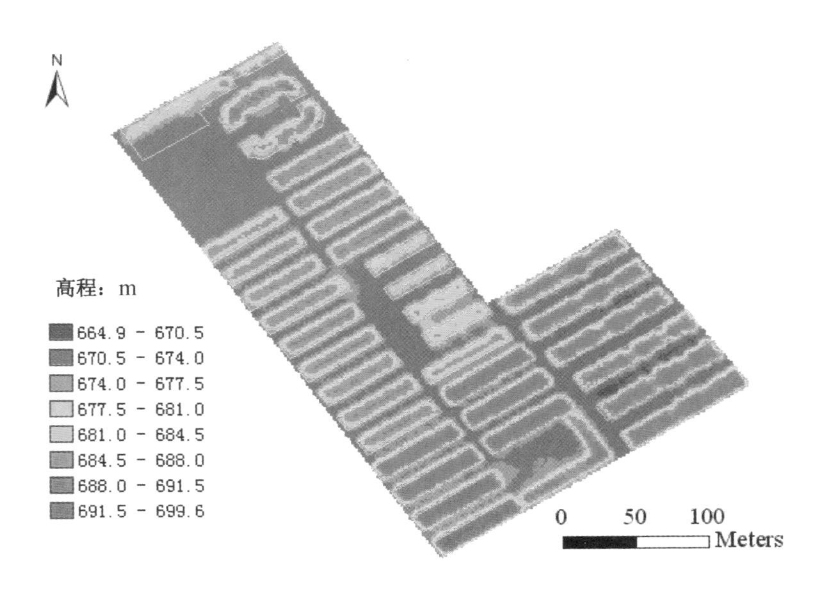

(a) 震前地形图生成的DSM

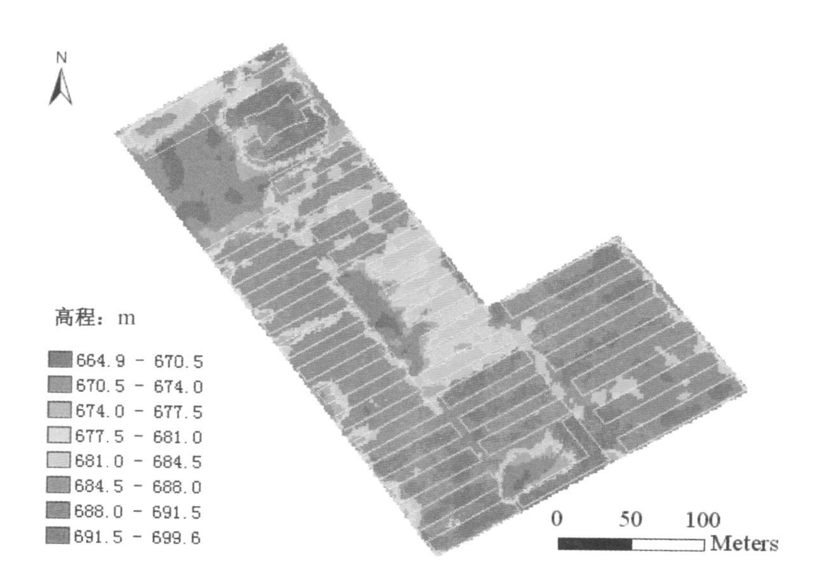

(b) 震前 IKONOS 立体影像生成的 DSM

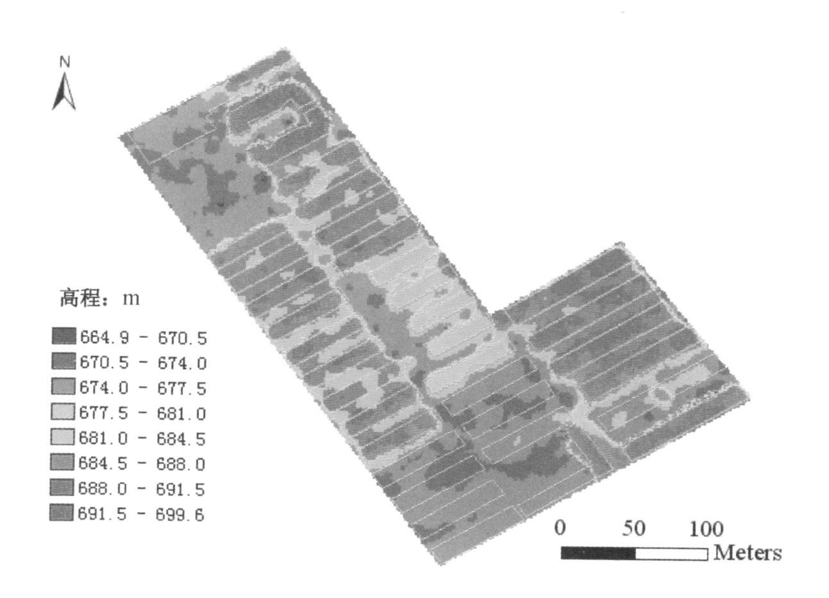

(c) 震后 IKONOS 立体影像生成的 DSM

图 4-7　三种不同数据源生成的 DSM

DSM的精度对区域房屋倒塌三维信息提取至关重要，因此震前DSM选取了138个检核点进行精度验证，这些检核点来自震前都江堰地形图选取的房角点和地面特征点。而震后选取了108个检核点对震后DSM进行精度验证，这些检核点主要选取房角点，然后用RPC光束法平差计算出其三维坐标，最后跟IKONOS立体影像生成的DSM进行比较。表4-3显示了IKONOS立体影像生成的震前、震后DSM的精度。表中包含DSM的最大残差、最小残差和中误差。

表4-3　震前、震后DSM精度评定

检核点精度	震前DSM	震后DSM
检核点个数	138	108
最大残差/m	10.683	9.562
最小残差/m	0.043	0.110
中误差/m	3.097	2.462

利用震前、震后DSM的变化可以提取区域房屋倒塌，由于震前、震后DSM精度在2.5～3.1 m，为了更有效地提取倒塌区域，在本实验中，将震后DSM高程比震前DSM高程低于5.0 m视为倒塌。图4-8显示了两种方案提取的DSM差值，图中彩色代表根据震前、震后DSM提取的高程变化。第一种方案是采用震后IKONOS立体影像生成的DSM与震前地形图生成的DSM进行差值计算，结果如图4-8(a)；另一种方案是将震后IKONOS立体影像生成的DSM与震前IKONOS立体影像生成的DSM进行差值计算，结果如图4-8(b)。

分析图4-8中的结果，可以看出：

(1) 本章提出的两种DSM差值法方案(一种是震前、震后IKONOS立体影像生成的DSM差值法，另一种是震前地形图生成的DSM与震后IKONOS立体影像生成的DSM差值法)均可以有效地提取出房屋倒塌三维信息。

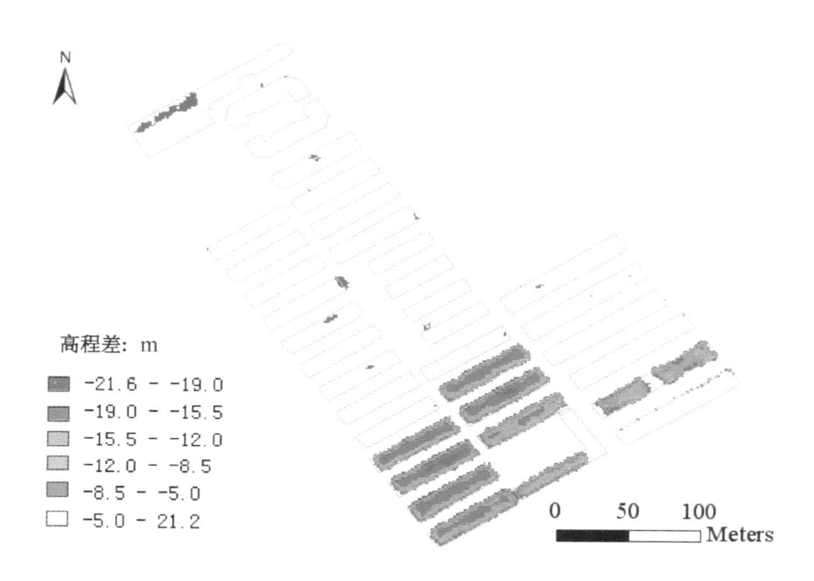

(a) 震前地形图生成的DSM与震后IKONOS立体影像生成的DSM的差值图

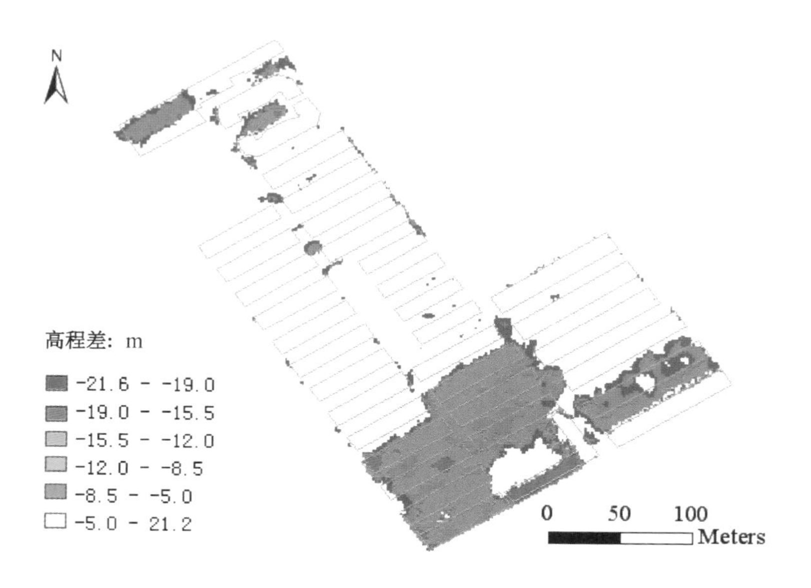

(b) 震前、震后IKONOS立体影像生成的DSM的差值图

图 4－8　两种方案提取的 DSM 差值

（2）然而，这两种方案提取的倒塌情况有些不同，第一种方案能非常好的提取出房屋倒塌的边界，而第二种方案提取出的倒塌区域边界较为难辨，由如下原因导致：① 从震前地形图上生成的DSM较为精确，可以清晰地分辨出房顶和地面的边界，然而直接利用IKONOS立体影像生成的DSM则由于受阴影等噪声干扰，导致存在部分误匹配的状况，因此立体影像生成的DSM特别是在房屋密集区较难分辨出房屋与地面的界限。② 第二种原因是倒塌的房屋或碎片覆盖在地面上，导致震后提取的房屋区域与地面区域界线难以分辨。

由于房屋是一个多个像元聚合而成的单元，单纯判断哪个像元属于部分倒塌并无实际意义，因此针对区域房屋倒塌三维精细化评估将部分倒塌和全塌合并为倒塌类，所以房屋倒塌评估的结果可以分为两类：倒塌，未塌。利用混淆矩阵(Congalton，1991；Lillesand和Kiefer，2000)[43,88]分别计算出生产者精度(Story和Congalton，1986)[120]、使用者精度(Story和Congalton，1986)[120]、总体精度(Story和Congalton，1986)[120]以及kappa系数(Cohen，1960)[42]。同时，表格还列出了生产者和使用者平均精度。在实验区中共有35栋房屋，他们的倒塌程度到实地核查。为了更准确地评价提取的精度，书中采用基于像元和基于对象两个方面采用混淆矩阵对提取的结果进行评价。表4-4列出了基于像元的第一种DSM差值法提取倒塌房屋的分类精度，其总体精度达到了95.98%，kappa系数为89.40。表4-5显示了基于像元的第二种DSM差值法提取倒塌房屋的分类精度，其总体精度和kappa系数分别为94.12%、84.97%。

表4-4 基于像元的房屋倒塌提取精度评价1

像元状态	参考		
	倒塌	非倒塌	全部
倒塌	3 374	367	3 694
非倒塌	204	10 313	10 517

续　表

像元状态	参考		
	倒　塌	非倒塌	全　部
全　部	3 531	10 680	14 211
使用者精度	90.06	98.06	
生产者精度	94.22	96.56	
使用者平均精度			94.06
生产者平均精度			95.39
总体精度			95.98
Kappa 系数			89.40

表 4－5　基于像元的房屋倒塌提取精度评价 2

像元状态	参考		
	倒　塌	非倒塌	全　部
倒　塌	3 374	325	3 699
非倒塌	511	10 005	10 516
全　部	3 885	10 330	14 215
使用者精度	91.21	95.14	
生产者精度	86.85	96.85	
使用者平均精度			93.18
生产者平均精度			91.85
总体精度			94.12
Kappa 系数			84.97

从表 4－4、表 4－5 可知，(1) 两种方案基于像元的房屋倒塌提取总体精度均优于 94%。(2) 但是两种方案提取的倒塌的使用者精度和生产精度均低于未塌的精度，主要的原因是未塌的像元远远大于倒塌的像元个数。基于像元的精度评价有着明显的缺陷，房屋内出现一定数量的倒塌像

元时整栋房子就倒塌了,但是基于像元的话只能计算提取出的那部分,会导致最终的评估结果低于实际倒塌数。因此,有必要进行基于对象(建筑)进行提取精度评价。

然而,面向对象的精度评价需要设定一定的比例阈值以判别超过该阈值就判定倒塌,但是比例阈值很敏感,不同的比例阈值会导致最终的提取的精度出现偏差,由于 DSM 的精度存在误差导致提取的房屋倒塌三维信息含有部分误差。因此,本实验设计了 7 组不同阈值以测试倒塌提取的精度,同样采用混淆矩阵进行精度评价。两种不同方案(I、II)的 DSM 差值法提取的倒塌精度结果显示不同的比例阈值设计会导致提取的精度有较大差异。① 当将比例阈值设置为 50%~60%时,两种 DSM 差值方案提取出的倒塌、未塌的精度指标和 kappa 系数均达到 100%,该结果表明,本实验的研究数据比较适合采用该比例阈值范围进行房屋倒塌提取。② 当比例阈值为 10%~40%时,第一种 DSM 差值法提取的倒塌、未塌精度指标和 kappa 系数均优于第二种 DSM 差值法,可能的原因是第一种 DSM 采用了震前地形图生成的 DSM,该 DSM 精度比直接用 IKONOS 立体影像生成的 DSM 精度更高。因此,利用额外的高精度 GIS 数据(比如高程点数据)可以提高震区房屋倒塌提取的精度。然而,随着比例阈值增加(比如大于 50%),两种 DSM 差值方案提取的倒塌精度相同。③ 总而言之,本章提出的基于震前、震后高分辨率卫星 IKONOS 立体影像区域提取房屋倒塌三维信息与评估的方法非常有效。

4.6 高分辨率卫星遥感地震灾害监测评估原型系统

根据前述的震害实物量精细化评估理论和方法,开发了高分辨率卫星遥感地震灾害监测评估原型系统，本节将简要介绍该系统。

4.6.1　主要功能模块

本软件可对遥感影像进行读取、显示等基础处理，并能进行基于物理模型的航空影像、卫星影像的三角测量和基于 RPC 的系数解算、系数误差补偿、虚拟控制点生成、广义模型解算和 RPC 光束法平差。在此基础上可以提取震后单个房屋的房角点倒塌情况并评估。同时还可以基于本书提出的 DSM 差值法进行房屋倒塌三维提取与评估、基于铁路曲线方程的铁路灾害评估。软件主要分为四大模块：文件管理，基本工具，立体影像和灾害评估。

4.6.2　软件主界面

本系统主界面由菜单栏、工具栏组成(图 4-9)。

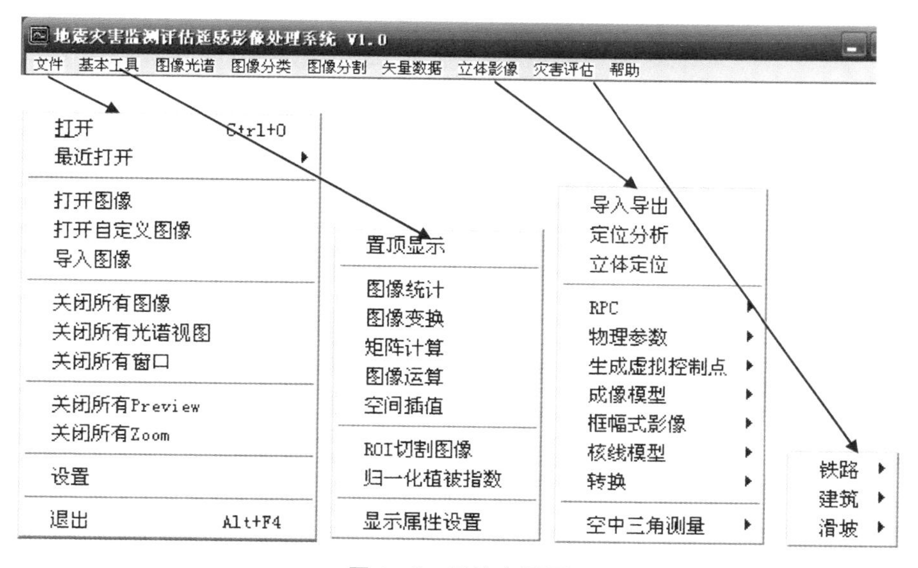

图 4-9　系统主界面

4.6.3 软件基本功能

软件的基本功能主要包括：影像读取、影像波段控制与显示、基本工具，详见表4-6。

表4-6 软件基本功能

影像读取	打开图像	支持ENVI、ERDAS等主流遥感影像处理软件格式的数据读取
	最近打开	最近打开的16个文件列表
	关闭所有图像	关闭所有图像
	关闭所有光谱视图	关闭所有的光谱图像
	关闭所有窗口	关闭所有窗口
	关闭所有Zoom	关闭所有的放大窗口
	设置	设置文件输入、输出、临时文件的默认位置、打开影像窗口的尺寸
影像波段控制与显示	波段选取	选择哪些波段作为视图显示数据
	显示方式	选择按灰度还是彩色显示
	漫游	漫游整个图像
基本工具	置顶显示	将影像置顶显示
	图像统计	统计图像的存储路径、像元个数、行列号
	图像运算	图像的数值运算
	空间插值	通过控制点实现图像的插值运算
	ROI切割图像	通过选取ROI兴趣区域来切割图像
	归一化植被指数	归一化植被指数计算
	显示属性设置	对准器的设置、点颜色设置

4.6.4 软件特色功能

软件的特色功能主要包括：立体定位、地震灾害监测评估两大类，详见表4-7。

表 4 - 7　软件特色功能

立体定位	导入导出	导入导出	导入像点、控制点文件
	定位分析	定位分析	IKONOS、QuickBird 立体影像的定位精度分析
	立体定位	立体定位	IKONOS、QuickBird 立体影像的待求像点立体定位三维坐标求解
	RPC	通过控制点纠正系统误差	通过控制点纠正系统误差
		通过控制点修正 RPCs	通过控制点修正 RPCs
		由控制点求 RPC	由控制点直接求算 RPC 系数
		检验像方 RPC 精度	检验像方 RPC 精度
		多影像定位	多影像同时进行立体定位
	物理参数	读取影像物理参数	读取立体影像严格物理模型参数
		验证物理参数	验证物理参数
		立体定位	基于严格物理模型的立体定位
	生成虚拟控制点	由严格物理模型像方生成虚拟控制点	由严格物理模型像方生成虚拟控制点
		由严格物理模型物方生成虚拟控制点	由严格物理模型物方生成虚拟控制点
		由 RFM 像方生成虚拟控制点	由 RFM 像方生成虚拟控制点
		由 RFM 物方生成虚拟控制点	由 RFM 物方生成虚拟控制点
	成像模型	广义模型解算	广义模型解算
		直接解算严格物理模型	直接解算严格物理模型
		条带 DLT 恢复物理模型	条带 DLT 恢复物理模型
		TV 平行透视模型恢复	TV 平行透视模型恢复
		恢复影像行的物理模型	恢复影像行的物理模型
		恢复影像整体物理模型	恢复影像整体物理模型
	框幅式影像	读取物理参数	读取物理模型参数
		基于物方创建 VCPs	基于物方创建虚拟控制点
		恢复物理参数	重新求解物理参数
	三角测量	RPC 光束法平差	基于像方的 RPC 光束法平差

续 表

地震灾害监测评估	铁路	线形判别(曲率)	计算曲线散点的曲率
		直线参数计算	根据散点求算直线参数
		圆曲线参数计算	根据散点求算圆曲线参数
		铁路形变分析	根据已知的圆半径计算震后铁路形变量
	房屋	单个建筑倒塌评估	利用震前、震后立体影像立体定位房角点，然后比较房角点坐标的变化来评估房屋倒塌情况
		区域倒塌提取评估	根据震前、震后立体影像立体定位生成的 DEM 差值法，进行区域倒塌提取并评估倒塌情况
		倒塌提取精度评定	根据混淆矩阵来计算倒塌提取的精度
	滑坡	滑坡提取	根据多光谱数据通过监督分类来提取滑坡区域

4.7 本章小结

本章提出了一种基于震前、震后高分辨率卫星 IKONOS 影像、震后 Cosmo - SkyMed 影像提取房屋倒塌三维信息与评估的方法，包括单个房屋倒塌精细化评估和区域房屋倒塌精细化评估两部分，针对单个房屋倒塌和区域房屋倒塌均进行了三维精细化评估。单个房屋倒塌评估主要是利用震前、震后 IKONOS 和 Cosmo - SkyMed 立体影像提取房角点高程的变化进而计算出倒塌的层数来评估倒塌的程度；而区域房屋倒塌则是利用震前、震后 IKONOS 立体影像生成的 DSM 进行差值法，当然还利用了震前的震前地形图生成了另一个震前 DSM。因此 DSM 差值法有两种方案，一种是震后 IKONOS 立体影像生成的 DSM 与震前地形图生成的 DSM 进行差值法，另一种则是直接用震后、震前 IKONOS 立体影响生成的 DSM 进行差值法计算。

从都江堰震区的单个建筑倒塌提取实验结果表明：采用震前与震后同源 IKONOS 立体影像和震后异源（Cosmo－SkyMed 与 IKONOS）立体影像提取房角点三维坐标进而评估单个房屋倒塌程度取得了很好的效果，可以有效地评估出房屋倒塌、部分塌、未塌三种状态，与实地调查结果一致。

基于震前、震后 IKONOS 立体影像生成的 DSM 进行差值法进而提取区域房屋倒塌的方案也获得了很好的效果。震前 DSM 选取了 138 个检核点进行精度验证，这些检核点来自震前都江堰地形图选取的房角点和地面特征点。而震后选取了 108 个检核点对震后 DSM 进行精度验证，这些检核点主要选取房角点提取的，经过验证得出震前的 DSM 高程精度达到 3.1 m，震后的 DSM 高程精度达到 2.5 m。基于像元评价的该方案提取的总体精度达到 94％。

第5章

基于 HRSI 的震后铁路损失实物量精细化评估

铁路、道路是重要的重大线型基础设施,也是震害受损实物量评估的重要的类型。利用 HRSI 进行线状地物的震后受损评估模型主要有三种:基线模型(Dolan 等人,1978)[47]、动态分割模型(Li 等人,2001)[84]和基于面积的变化模型(Ali, 2003)[25]。每一种方法有其各自的优缺点:第一种方法可以直接用于测量线状地物的位移,该方法是通过计算与线状地物垂直方向的偏差来统计线状地物位移量;第二种方法是将变化前和变化后的线状地物数据进行标准化,从而量测每一个拐点的距离来计算变化量,这种方法比第一种方法获得的位移量更准确,已得到较为广泛的应用;第三种方法是根据变化前、后线状地物闭合成多边形,从而计算其面积来估算变化量。然而这些方法的缺点是没有很好地利用线状地物的特有属性,特别是对于道路这种线状地物来说,由于其在设计的时候是遵循一定的设计标准的,比如道路曲线一般由直线、圆曲线和缓和曲线组成(Tong 等人,2010b)[132],因此根据这些特征曲线方程利用最小二乘估计(Tong 等人,2010b; Easa and Wang, 2011)[132,51]可以更精确地评估道路曲线的受损程度。

本章提出了一种基于震前、震后曲线变化的铁路受损评估方法。该方法中观测数据包括 GPS 像控点数据、震后 IKONOS 立体影像识别提取的铁路曲线点数据和都江堰 1∶500 电子地形图数据。

5.1　铁路受损实物量精细化评估模型

图 5-1 显示的是基于震前地形图数据和震后 IKONOS 立体影像的铁路受损实物量精细化评估的技术流程图。主要包括以下几个方面：① 地方坐标系与 WGS84 坐标系的转换，该项内容已在 2.3.2 节处理完成；② 基于 RPC 光束法平差计算铁路曲线点平面坐标，该项内容详见 3.3.3 节；③ 利用最小二乘法估算震前铁路曲线参数；④ 比较五种不同的铁路受损评估模型。

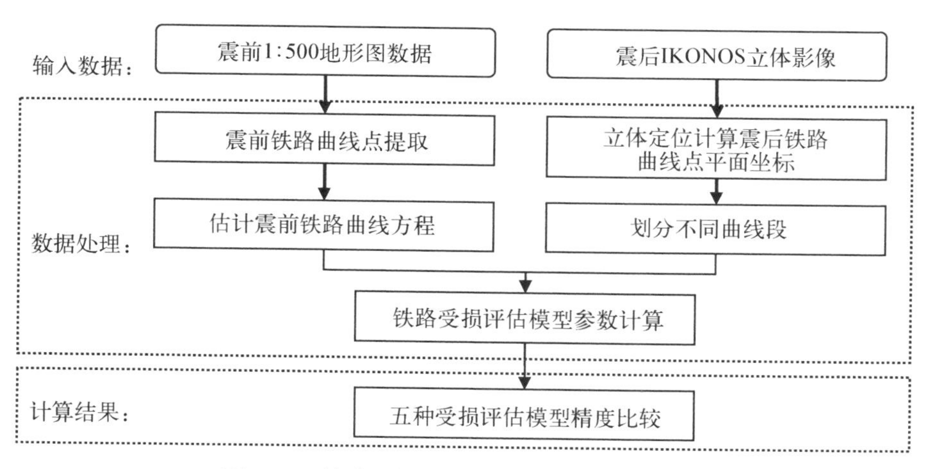

图 5-1　铁路受损实物量精细化评估技术流程

5.2　震前铁路曲线几何参数计算

道路曲线一般可以分为直线、圆曲线和缓和曲线，Tong 等(2010b)[132]

在其文献中详细介绍了相应的三种道路曲线误差方程以及道路曲线几何参数的计算，震前铁路曲线几何参数计算将应用其方法，介绍如下：

5.2.1 直线误差方程

假设直线由 $n_1(n_1 \geqslant 2)$ 个点坐标 (x_i, y_i) 组成，那么观测值的真值与直线参数的关系如下：

$$y_i = k_1 + k_2 x_i \tag{5-1}$$

式中，k_1、k_2 分别为直线在 y 轴的截距和斜率，令 x_i，k_1 和 k_2 为未知参数，对式(5-1)线性化得：

$$\begin{cases} V_{x_i} = \delta\hat{x}_i - (x_i - x_i^0) \\ V_{y_i} = k_1^0 \delta\hat{x}_i + x_i^0 \delta\hat{k}_1 + \delta\hat{k}_2 - (y_i - y_i^0) \end{cases} \tag{5-2}$$

5.2.2 圆曲线误差方程

假设圆曲线由 $n_2(n_2 \geqslant 3)$ 个点坐标 (x_i, y_i) 组成，那么观测值的真值与圆曲线参数的关系如下：

$$\begin{cases} x_i = x_0 + R\cos(\varphi_i) \\ y_i = y_0 + R\sin(\varphi_i) \end{cases} \tag{5-3}$$

式中，x_0 和 R 是圆曲线的圆心和半径，而 φ_i 是 P_i 点与圆心的方位角。以 R 和 φ_i 为未知参数对式(5-3)线性化得：

$$\begin{cases} V_{x_i} = \delta\hat{x}_0 + \cos(\varphi_i^0)\delta R - R^0 \sin(\varphi_i^0) \dfrac{\delta\varphi_i}{\rho} - (x_i - x_i^0) \\ V_{y_i} = \delta\hat{y}_0 + \sin(\varphi_i^0)\delta R + R^0 \cos(\varphi_i^0) \dfrac{\delta\varphi_i}{\rho} - (y_i - y_i^0) \end{cases} \tag{5-4}$$

5.2.3 缓和曲线误差方程

假设圆曲线由 $n_3(n_3 \geqslant 5)$ 个点坐标 (x_i, y_i) 组成，那么观测值的真值与圆曲线参数的关系如下：

$$
\begin{cases}
x_i = x_B + \cos\alpha l_i \mp \dfrac{\sin\alpha}{6RL_0} l_i^3 - \dfrac{\cos\alpha}{40R^2L_0^2} l_i^5 \pm \dfrac{\sin\alpha}{336R^3L_0^3} l_i^7 \\
\quad + \dfrac{\cos\alpha}{3\,456R^4L_0^4} l_i^9 \mp \dfrac{\sin\alpha}{42\,240R^5L_0^5} l_i^{11} \\
y_i = y_B + \sin\alpha l_i \pm \dfrac{\cos\alpha}{6RL_0} l_i^3 - \dfrac{\sin\alpha}{40R^2L_0^2} l_i^5 \mp \dfrac{\cos\alpha}{336R^3L_0^3} l_i^7 \\
\quad + \dfrac{\sin\alpha}{3\,456R^4L_0^4} l_i^9 \pm \dfrac{\cos\alpha}{42\,240R^5L_0^5} l_i^{11}
\end{cases}
\tag{5-5}
$$

以 l_i、L_0、k_1 和 R 为未知参数对式(5-5)线性化得：

$$
\begin{cases}
V_{x_i} = \delta x_B + \cos(\alpha^0 - \beta_i^0)\delta l_i + a_{x_i k_i}\delta k_1 \\
\quad + a_{x_i R_i}\delta R + a_{x_i l_i}\delta L_0 - (x_i - x_i^0) \\
V_{y_i} = \delta y_B + \sin(\alpha^0 - \beta_i^0)\delta l_i + a_{y_i k_i}\delta k_1 \\
\quad + a_{y_i R_i}\delta R + a_{y_i l_i}\delta L_0 - (y_i - y_i^0)
\end{cases}
\tag{5-6}
$$

建立铁路曲线的联合平差模型：

$$
V = A\delta\hat{X} - L \tag{5-7}
$$

式中，A 为误差方程式系数阵，包含铁路曲线的 7 个参数(直线 2 个，缓和曲线 2 个，圆曲线 3 个)和坐标量测值；L 为相应的常数向量。A 的形式为

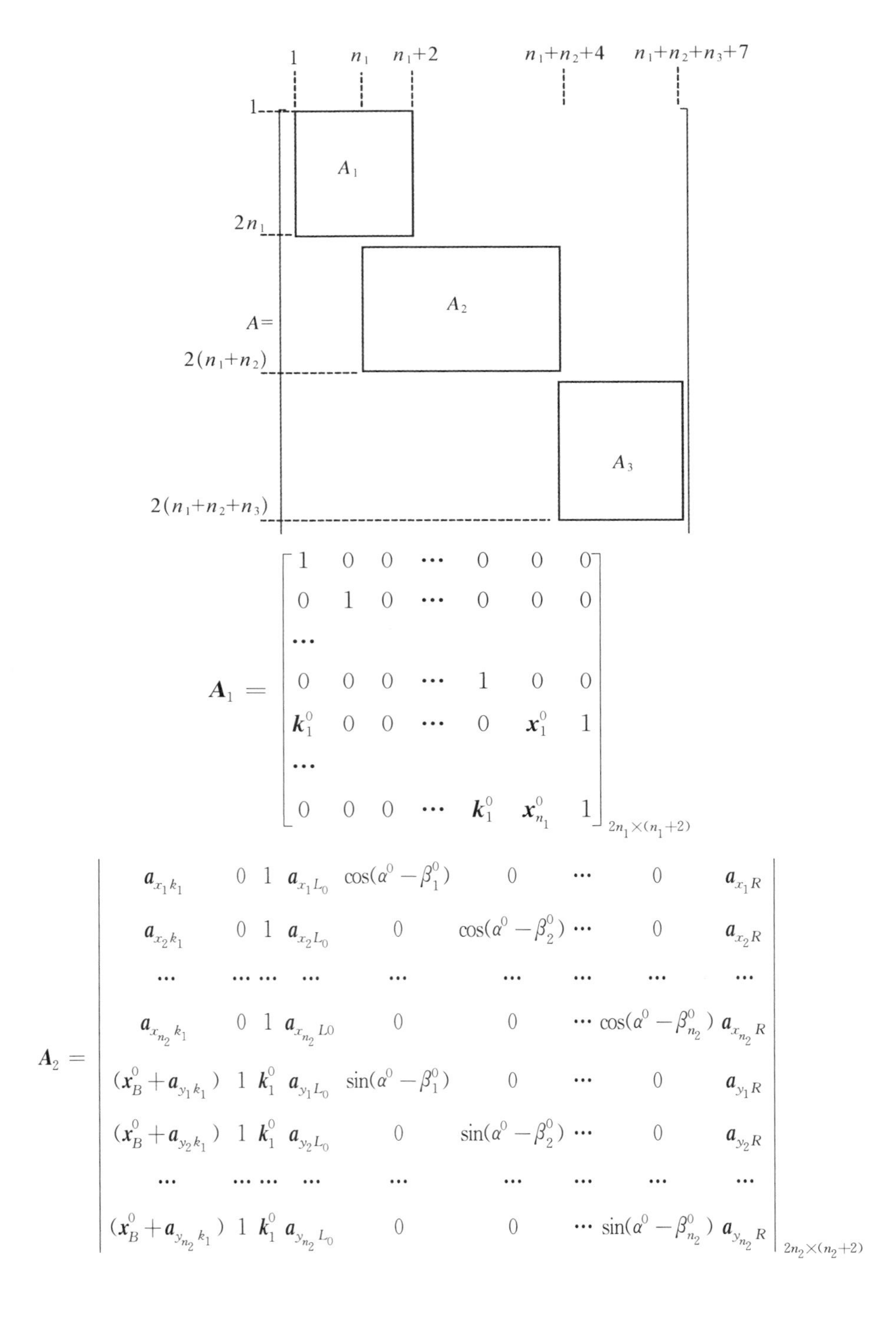
1
n_1
n_1+2
n_1+n_2+4
$n_1+n_2+n_3+7$
1
$2n_1$
$A=$
$2(n_1+n_2)$
$2(n_1+n_2+n_3)$
A_1
A_2
A_3

$$A_3 = \begin{bmatrix} \cos\varphi_1^0 & 1 & 0 & -R^0\dfrac{\sin\varphi_1^0}{\rho} & \cdots & 0 \\ \cdots & \cdots & \cdots & \cdots & \cdots & \cdots \\ \cos\varphi_{n_3}^0 & 1 & 0 & 0 & \cdots & -R^0\dfrac{\sin\varphi_{n_3}^0}{\rho} \\ \sin\varphi_1^0 & 0 & 1 & -R^0\dfrac{\cos\varphi_1^0}{\rho} & \cdots & 0 \\ \cdots & \cdots & \cdots & \cdots & \cdots & \cdots \\ \sin\varphi_{n_3}^0 & 0 & 1 & 0 & \cdots & -R^0\dfrac{\cos\varphi_{n_3}^0}{\rho} \end{bmatrix}_{2n_3\times(n_3+3)}$$

根据上述计算,可以得到铁路的三种曲线参数,通过多时相的遥感影像比较,可以实现铁路受损评估。

5.3 震后铁路受损评估模型

5.3.1 震后铁路受损评估模型

由于铁路几何线型受损非常复杂,因此采用近似的建模方式,假设铁路线型受损符合一般多项式变化的规律(Setan 和 Sing, 2001)[114],为了表达的方便,本书采用了四种多项式模型(平移、平移+比例、仿射变换和二次多项式)和一种相似变换模型来比较它们评估铁路受损评估模型的精度,根据铁路曲线上的点坐标(x_i, y_i)和震后影像上提取的铁路上点坐标(x_{bi}, y_{bi})建立的上述五种评估模型分别如下。

(1) 平移评估模型

$$\begin{aligned} x_i &= x_{bi} + k_1 \\ y_i &= y_{bi} + k_2 \end{aligned} \tag{5-8}$$

式中，k_1，k_2为平移评估模型参数。

（2）平移和比例评估模型

$$
\begin{aligned}
x_i &= k_1 x_{bi} + k_2 \\
y_i &= k_3 y_{bi} + k_4
\end{aligned}
\tag{5-9}
$$

式中，k_2，k_4为平移模型参数；k_1，k_3为比例参数模型参数。

（3）相似变换评估模型

$$
\begin{aligned}
x_i &= k_1(x_{bi}\cos k_2 - y_{bi}\sin k_2) + k_3 \\
y_i &= k_1(x_{bi}\sin k_2 + y_{bi}\cos k_2) + k_4
\end{aligned}
\tag{5-10}
$$

式中，k_1—k_4为相似变换评估模型参数。

（4）仿射变换评估模型

$$
\begin{aligned}
x_i &= k_1 x_{bi} + k_2 y_{bi} + k_3 \\
y_i &= k_4 x_{bi} + k_5 y_{bi} + k_6
\end{aligned}
\tag{5-11}
$$

式中，k_1—k_6为仿射变换评估模型参数。

（5）二次多项式评估模型

$$
\begin{aligned}
x_i &= k_1 x_{bi} + k_2 y_{bi} + k_3 x_{bi} y_{bi} + k_4 x_{bi}^2 + k_5 y_{bi}^2 + k_6 \\
y_i &= k_7 x_{bi} + k_8 y_{bi} + k_9 x_{bi} y_{bi} + k_{10} x_{bi}^2 + k_{11} y_{bi}^2 + k_{12}
\end{aligned}
\tag{5-12}
$$

式中，k_1—k_{12}为二次多项式评估模型参数。

5.3.2 震后铁路受损评估模型参数估计

图 5-2 显示的是震后铁路曲线经过损失评估模型变换后的示意图。

本节以 5.3.1 节的近似变换模型作为铁路受损实物量精细化评估模型，以震后铁路曲线点经近似变换后到震前铁路曲线距离之和最小为平差准则，该目标函数可以表达为

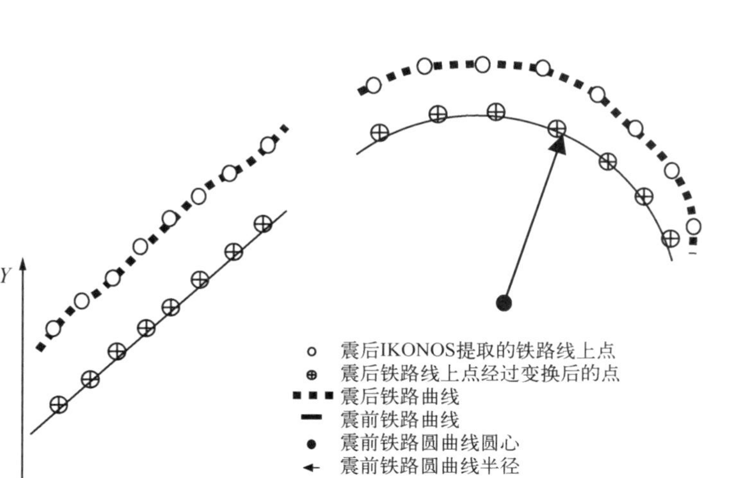

图 5-2　铁路损失评估示意图

$$\mathrm{Min}\{F(k)\} = \sum_{i=1}^{n_l} \frac{(a_0 x_i + b_0 y_i + c_0)^2}{a_0^2 + b_0^2} + \sum_{j=n_l}^{n} \left(\sqrt{(x_j - x_0)^2 + (y_j - y_0)^2} - r_0\right)^2 \tag{5-13}$$

式中，(x_i, y_i) 为从震后 IKONOS 立体影像计算的得到的直线和圆曲线上的点平面坐标；a_0、b_0、c_0 为点到直线距离方程参数。

以直线方程和圆曲线方程参数($k_1 \sim k_6$)作为未知参数，以表 5-1 仿射变换模型为例，将方程(5-13)对未知参数($k_1 - k_6$)求导数并令其等于 0，可以得到方程(5-14)～(5-19)：

$$f_1 = \frac{\partial F(k)}{\partial k_1} = \frac{2\sum_{i=1}^{n_l} a_0 x_{bi}(a_0 x_i + b_0 y_i + c_0)}{a_0^2 + b_0^2} + 2\sum_{j=n_l+1}^{n} \frac{x_{bj}(x_j - x_0)\left(\sqrt{(x_j - x_0)^2 + (y_j - y_0)^2} - r_0\right)}{\sqrt{(x_j - x_0)^2 + (y_j - y_0)^2}} = 0 \tag{5-14}$$

$$f_2=\frac{\partial F(k)}{\partial k_2}=\frac{2\sum_{i=1}^{n_l}a_0 y_{bi}(a_0x_i+b_0y_i+c_0)}{a_0^2+b_0^2}$$
$$+2\sum_{j=n_l+1}^{n}\frac{(x_j-x_0)\cdot y_{bj}\cdot\left(\sqrt{(x_j-x_0)^2+(y_j-y_0)^2}-r_0\right)}{\sqrt{(x_j-x_0)^2+(y_j-y_0)^2}}=0$$

(5-15)

$$f_3=\frac{\partial F(k)}{\partial k_3}=\frac{2\sum_{i=1}^{n_l}b_0 x_{bj}(a_0x_i+b_0y_i+c_0)}{a_0^2+b_0^2}$$
$$+2\sum_{j=n_l+1}^{n}\frac{(y_j-y_0)\cdot x_{bj}\cdot\left(\sqrt{(x_j-x_0)^2+(y_j-y_0)^2}-r_0\right)}{\sqrt{(x_j-x_0)^2+(y_j-y_0)^2}}=0$$

(5-16)

$$f_4=\frac{\partial F(k)}{\partial k_4}=\frac{2\sum_{i=1}^{n_l}b_0 y_{bi}(a_0x_i+b_0y_i+c_0)}{a_0^2+b_0^2}$$
$$+2\sum_{j=n_l+1}^{n}\frac{(y_j-y_0)\cdot y_{bj}\cdot\left(\sqrt{(x_j-x_0)^2+(y_j-y_0)^2}-r_0\right)}{\sqrt{(x_j-x_0)^2+(y_j-y_0)^2}}=0$$

(5-17)

$$f_5=\frac{\partial F(k)}{\partial k_5}=\frac{2\sum_{i=1}^{n_l}a_0(a_0x_i+b_0y_i+c_0)}{a_0^2+b_0^2}$$
$$+2\sum_{j=n_l+1}^{n}\frac{(x_j-x_0)\cdot\left(\sqrt{(x_j-x_0)^2+(y_j-y_0)^2}-r_0\right)}{\sqrt{(x_j-x_0)^2+(y_j-y_0)^2}}=0$$

(5-18)

$$f_6 = \frac{\partial F(k)}{\partial k_6} = \frac{2\sum_{i=1}^{n_l} b_0(a_0 x_i + b_0 y_i + c_0)}{a_0^2 + b_0^2} + 2\sum_{j=n_l+1}^{n} \frac{(y_j - y_0)\cdot\left(\sqrt{(x_j - x_0)^2 + (y_j - y_0)^2} - r_0\right)}{\sqrt{(x_j - x_0)^2 + (y_j - y_0)^2}} = 0 \tag{5-19}$$

由于方程(5－14)～(5－19)仍然是非线性函数，因此以未知参数(k_1～k_6)将其线性化迭代，其线性化为

$$f_i(k) = \frac{\partial f_i}{\partial k_1}\Delta k_1 + \frac{\partial f_i}{\partial k_2}\Delta k_2 + \frac{\partial f_i}{\partial k_3}\Delta k_3 + \frac{\partial f_i}{\partial k_4}\Delta k_4 + \frac{\partial f_i}{\partial k_5}\Delta k_5 + \frac{\partial f_i}{\partial k_6}\Delta k_6 - f_i(k)^0 \tag{5-20}$$

式中，$i = 1\cdots 6$，$f_i(k)^0$ 为式 $f_i(k)$ 代入初值计算得到的值，未知参数(k_1－k_6)可以根据如下方程解算：

$$\Delta \boldsymbol{k} = \begin{bmatrix} \frac{\partial f_1(k)}{\partial k_1} & \frac{\partial f_1(k)}{\partial k_2} & \frac{\partial f_1(k)}{\partial k_3} & \frac{\partial f_1(k)}{\partial k_4} & \frac{\partial f_1(k)}{\partial k_5} & \frac{\partial f_1(k)}{\partial k_6} \\ \frac{\partial f_2(k)}{\partial k_1} & \frac{\partial f_2(k)}{\partial k_2} & \frac{\partial f_2(k)}{\partial k_3} & \frac{\partial f_2(k)}{\partial k_4} & \frac{\partial f_2(k)}{\partial k_5} & \frac{\partial f_2(k)}{\partial k_6} \\ \frac{\partial f_3(k)}{\partial k_1} & \frac{\partial f_3(k)}{\partial k_2} & \frac{\partial f_3(k)}{\partial k_3} & \frac{\partial f_3(k)}{\partial k_4} & \frac{\partial f_3(k)}{\partial k_5} & \frac{\partial f_3(k)}{\partial k_6} \\ \frac{\partial f_4(k)}{\partial k_1} & \frac{\partial f_4(k)}{\partial k_2} & \frac{\partial f_4(k)}{\partial k_3} & \frac{\partial f_4(k)}{\partial k_4} & \frac{\partial f_4(k)}{\partial k_5} & \frac{\partial f_4(k)}{\partial k_6} \\ \frac{\partial f_5(k)}{\partial k_1} & \frac{\partial f_5(k)}{\partial k_2} & \frac{\partial f_5(k)}{\partial k_3} & \frac{\partial f_5(k)}{\partial k_4} & \frac{\partial f_5(k)}{\partial k_5} & \frac{\partial f_5(k)}{\partial k_6} \\ \frac{\partial f_6(k)}{\partial k_1} & \frac{\partial f_6(k)}{\partial k_2} & \frac{\partial f_6(k)}{\partial k_3} & \frac{\partial f_6(k)}{\partial k_4} & \frac{\partial f_6(k)}{\partial k_5} & \frac{\partial f_6(k)}{\partial k_6} \end{bmatrix}^{-1} \cdot \begin{bmatrix} f_1(k)^0 \\ f_2(k)^0 \\ f_3(k)^0 \\ f_4(k)^0 \\ f_5(k)^0 \\ f_6(k)^0 \end{bmatrix} \tag{5-21}$$

方程(5－21)中各表达式是分别对式(5－20)对未知参数求偏导数，其中，$f_1(k)$ 对各未知参数的偏导数如下：

$$\frac{\partial f_1(k)}{\partial k_1}=\frac{2\sum_{i=1}^{n_l}a_0^2x_{bi}^2}{a_0^2+b_0^2}+2\sum_{j=n_l+1}^{n}\frac{x_{bj}^2(\sqrt{(x_j-x_0)^2+(y_j-y_0)^2}-r_0)}{\sqrt{(x_j-x_0)^2+(y_j-y_0)^2}}$$
$$+2\sum_{j=n_l+1}^{n}\frac{x_{bj}^2\ (x_j-x_0)^2}{(x_j-x_0)^2+(y_j-y_0)^2}$$
$$-2\sum_{j=n_l+1}^{n}\frac{x_{bj}^2\ (x_j-x_0)^2(\sqrt{(x_j-x_0)^2+(y_j-y_0)^2}-r_0)}{((x_j-x_0)^2+(y_j-y_0)^2)^{3/2}}$$

$$\frac{\partial f_1(k)}{\partial k_2}=\frac{2\sum_{i=1}^{n_l}a_0^2x_{bi}y_{bi}}{a_0^2+b_0^2}+2\sum_{j=n_l+1}^{n}\frac{x_{bj}y_{bj}(\sqrt{(x_j-x_0)^2+(y_j-y_0)^2}-r_0)}{\sqrt{(x_j-x_0)^2+(y_j-y_0)^2}}$$
$$+2\sum_{j=n_l+1}^{n}\frac{x_{bj}y_{bj}\ (x_j-x_0)^2}{(x_j-x_0)^2+(y_j-y_0)^2}$$
$$-2\sum_{j=n_l+1}^{n}\frac{x_{bj}y_{bj}\ (x_j-x_0)^2(\sqrt{(x_j-x_0)^2+(y_j-y_0)^2}-r_0)}{((x_j-x_0)^2+(y_j-y_0)^2)^{3/2}}$$

$$\frac{\partial f_1(k)}{\partial k_3}=\frac{2\sum_{i=1}^{n_l}a_0b_0x_{bi}^2}{a_0^2+b_0^2}+2\sum_{j=n_l+1}^{n}\frac{x_{bj}^2(x_j-x_0)(y_j-y_0)}{(x_j-x_0)^2+(y_j-y_0)^2}$$
$$-2\sum_{j=n_l+1}^{n}\frac{x_{bj}^2(x_j-x_0)(y_j-y_0)(\sqrt{(x_j-x_0)^2+(y_j-y_0)^2}-r_0)}{(x_j-x_0)^2+(y_j-y_0)^{3/2}}$$

$$\frac{\partial f_1(k)}{\partial k_4}=\frac{2\sum_{i=1}^{n_l}a_0b_0x_{bi}y_{bi}}{a_0^2+b_0^2}+2\sum_{j=n_l+1}^{n}\frac{x_{bj}y_{bj}(x_j-x_0)(y_j-y_0)}{(x_j-x_0)^2+(y_j-y_0)^2}$$
$$-2\sum_{j=n_l+1}^{n}\frac{x_{bj}y_{bj}(x_j-x_0)(y_j-y_0)(\sqrt{(x_j-x_0)^2+(y_j-y_0)^2}-r_0)}{(x_j-x_0)^2+(y_j-y_0)^{3/2}}$$

$$\frac{\partial f_1(k)}{\partial k_5}=\frac{2\sum_{i=1}^{n_l}a_0^2x_{bi}}{a_0^2+b_0^2}+2\sum_{j=n_l+1}^{n}\frac{x_{bj}(\sqrt{(x_j-x_0)^2+(y_j-y_0)^2}-r_0)}{\sqrt{(x_j-x_0)^2+(y_j-y_0)^2}}$$

$$+2\sum_{j=n_l+1}^{n}\frac{x_{bj}(x_j-x_0)^2}{(x_j-x_0)^2+(y_j-y_0)^2}$$

$$-2\sum_{j=n_l+1}^{n}\frac{x_{bj}(x_j-x_0)^2(\sqrt{(x_j-x_0)^2+(y_j-y_0)^2}-r_0)}{((x_j-x_0)^2+(y_j-y_0))^{3/2}}$$

$$\frac{\partial f_1(k)}{\partial k_6}=\frac{2\sum_{i=1}^{n_l}a_0b_0x_{bi}}{a_0^2+b_0^2}+2\sum_{j=n_l+1}^{n}\frac{x_{bj}(x_j-x_0)(y_j-y_0)}{(x_j-x_0)^2+(y_j-y_0)^2}$$

$$-2\sum_{j=n_l+1}^{n}\frac{x_{bj}(x_j-x_0)(y_j-y_0)(\sqrt{(x_j-x_0)^2+(y_j-y_0)^2}-r_0)}{((x_j-x_0)^2+(y_j-y_0))^{3/2}}$$

其中，$f_2(k)$ 对各未知参数的偏导数如下：

$$\frac{\partial f_2(k)}{\partial k_1}=\frac{2\sum_{i=1}^{n_l}a_0^2x_{bi}y_{bi}}{a_0^2+b_0^2}+2\sum_{j=n_l+1}^{n}\frac{x_{bj}y_{bj}(\sqrt{(x_j-x_0)^2+(y_j-y_0)^2}-r_0)}{\sqrt{(x_j-x_0)^2+(y_j-y_0)^2}}$$

$$+2\sum_{j=n_l+1}^{n}\frac{x_{bj}y_{bj}(x_j-x_0)^2}{(x_j-x_0)^2+(y_j-y_0)^2}$$

$$-2\sum_{j=n_l+1}^{n}\frac{x_{bj}y_{bj}(x_j-x_0)^2(\sqrt{(x_j-x_0)^2+(y_j-y_0)^2}-r_0)}{((x_j-x_0)^2+(y_j-y_0))^{3/2}}$$

$$\frac{\partial f_2(k)}{\partial k_2}=\frac{2\sum_{i=1}^{n_l}a_0^2y_{bi}^2}{a_0^2+b_0^2}+2\sum_{j=n_l+1}^{n}\frac{y_{bj}^2(\sqrt{(x_j-x_0)^2+(y_j-y_0)^2}-r_0)}{\sqrt{(x_j-x_0)^2+(y_j-y_0)^2}}$$

$$+2\sum_{j=n_l+1}^{n}\frac{y_{bj}^2(x_j-x_0)^2}{(x_j-x_0)^2+(y_j-y_0)^2}$$

$$-2\sum_{j=n_l+1}^{n}\frac{y_{bj}^2(x_j-x_0)^2(\sqrt{(x_j-x_0)^2+(y_j-y_0)^2}-r_0)}{((x_j-x_0)^2+(y_j-y_0))^{3/2}}$$

$$\frac{\partial f_2(k)}{\partial k_3}=\frac{2\sum_{i=1}^{n_l}a_0b_0x_{bi}y_{bi}}{a_0^2+b_0^2}+2\sum_{j=n_l+1}^{n}\frac{x_{bj}y_{bj}(x_j-x_0)(y_j-y_0)}{(x_j-x_0)^2+(y_j-y_0)^2}$$
$$-2\sum_{j=n_l+1}^{n}\frac{x_{bj}y_{bj}(x_j-x_0)(y_j-y_0)(\sqrt{(x_j-x_0)^2+(y_j-y_0)^2}-r_0)}{((x_j-x_0)^2+(y_j-y_0))^{3/2}}$$

$$\frac{\partial f_2(k)}{\partial k_4}=\frac{2\sum_{i=1}^{n_l}a_0b_0y_{bi}^2}{a_0^2+b_0^2}+2\sum_{j=n_l+1}^{n}\frac{y_{bj}^2(x_j-x_0)(y_j-y_0)}{(x_j-x_0)^2+(y_j-y_0)^2}$$
$$-2\sum_{j=n_l+1}^{n}\frac{y_{bj}^2(x_j-x_0)(y_j-y_0)(\sqrt{(x_j-x_0)^2+(y_j-y_0)^2}-r_0)}{((x_j-x_0)^2+(y_j-y_0))^{3/2}}$$

$$\frac{\partial f_2(k)}{\partial k_5}=\frac{2\sum_{i=1}^{n_l}a_0^2y_{bi}}{a_0^2+b_0^2}+2\sum_{j=n_l+1}^{n}\frac{y_{bj}(\sqrt{(x_j-x_0)^2+(y_j-y_0)^2}-r_0)}{\sqrt{(x_j-x_0)^2+(y_j-y_0)^2}}$$
$$+2\sum_{j=n_l+1}^{n}\frac{y_{bj}(x_j-x_0)^2}{(x_j-x_0)^2+(y_j-y_0)^2}$$
$$-2\sum_{j=n_l+1}^{n}\frac{y_{bj}(x_j-x_0)^2(\sqrt{(x_j-x_0)^2+(y_j-y_0)^2}-r_0)}{((x_j-x_0)^2+(y_j-y_0))^{3/2}}$$

$$\frac{\partial f_2(k)}{\partial k_6}=\frac{2\sum_{i=1}^{n_l}a_0b_0y_{bi}}{a_0^2+b_0^2}+2\sum_{j=n_l+1}^{n}\frac{y_{bj}(x_j-x_0)(y_j-y_0)}{(x_j-x_0)^2+(y_j-y_0)^2}$$
$$-2\sum_{j=n_l+1}^{n}\frac{y_{bj}(x_j-x_0)(y_j-y_0)(\sqrt{(x_j-x_0)^2+(y_j-y_0)^2}-r_0)}{((x_j-x_0)^2+(y_j-y_0))^{3/2}}$$

其中，$f_3(k)$ 对各未知参数的偏导数如下：

$$\frac{\partial f_3(k)}{\partial k_1}=\frac{2\sum_{i=1}^{n_l}a_0b_0x_{bi}^2}{a_0^2+b_0^2}+2\sum_{j=n_l+1}^{n}\frac{x_{bj}^2(x_j-x_0)(y_j-y_0)}{(x_j-x_0)^2+(y_j-y_0)^2}$$

$$-2\sum_{j=n_l+1}^{n}\frac{x_{bj}^2(x_j-x_0)(y_j-y_0)(\sqrt{(x_j-x_0)^2+(y_j-y_0)^2}-r_0)}{((x_j-x_0)^2+(y_j-y_0))^{3/2}}$$

$$\frac{\partial f_3(k)}{\partial k_2}=\frac{2\sum_{i=1}^{n_l}a_0b_0x_{bi}y_{bi}}{a_0^2+b_0^2}+2\sum_{j=n_l+1}^{n}\frac{x_{bj}y_{bj}(x_j-x_0)(y_j-y_0)}{(x_j-x_0)^2+(y_j-y_0)^2}$$

$$-2\sum_{j=n_l+1}^{n}\frac{x_{bj}y_{bj}(x_j-x_0)(y_j-y_0)(\sqrt{(x_j-x_0)^2+(y_j-y_0)^2}-r_0)}{((x_j-x_0)^2+(y_j-y_0))^{3/2}}$$

$$\frac{\partial f_3(k)}{\partial k_3}=\frac{2\sum_{i=1}^{n_l}b_0^2x_{bi}^2}{a_0^2+b_0^2}+2\sum_{j=n_l+1}^{n}\frac{x_{bj}^2(\sqrt{(x_j-x_0)^2+(y_j-y_0)^2}-r_0)}{\sqrt{(x_j-x_0)^2+(y_j-y_0)^2}}$$

$$+2\sum_{j=n_l+1}^{n}\frac{x_{bj}^2\ (y_j-y_0)^2}{(x_j-x_0)^2+(y_j-y_0)^2}$$

$$-2\sum_{j=n_l+1}^{n}\frac{x_{bj}^2\ (y_j-y_0)^2(\sqrt{(x_j-x_0)^2+(y_j-y_0)^2}-r_0)}{((x_j-x_0)^2+(y_j-y_0))^{3/2}}$$

$$\frac{\partial f_3(k)}{\partial k_4}=\frac{2\sum_{i=1}^{n_l}b_0^2x_{bi}y_{bi}}{a_0^2+b_0^2}+2\sum_{j=n_l+1}^{n}\frac{x_{bj}y_{bj}(\sqrt{(x_j-x_0)^2+(y_j-y_0)^2}-r_0)}{\sqrt{(x_j-x_0)^2+(y_j-y_0)^2}}$$

$$+2\sum_{j=n_l+1}^{n}\frac{x_{bj}y_{bj}\ (y_j-y_0)^2}{(x_j-x_0)^2+(y_j-y_0)^2}$$

$$-2\sum_{j=n_l+1}^{n}\frac{x_{bj}y_{bj}\ (y_j-y_0)^2(\sqrt{(x_j-x_0)^2+(y_j-y_0)^2}-r_0)}{((x_j-x_0)^2+(y_j-y_0))^{3/2}}$$

$$\frac{\partial f_3(k)}{\partial k_5}=\frac{2\sum_{i=1}^{n_l}a_0b_0x_{bi}}{a_0^2+b_0^2}+2\sum_{j=n_l+1}^{n}\frac{x_{bj}(x_j-x_0)(y_j-y_0)}{(x_j-x_0)^2+(y_j-y_0)^2}$$

$$-2\sum_{j=n_l+1}^{n}\frac{x_{bj}(x_j-x_0)(y_j-y_0)(\sqrt{(x_j-x_0)^2+(y_j-y_0)^2}-r_0)}{((x_j-x_0)^2+(y_j-y_0))^{3/2}}$$

$$\frac{\partial f_3(k)}{\partial k_6}=\frac{2\sum_{i=1}^{n_l}b_0^2x_{bi}}{a_0^2+b_0^2}+2\sum_{j=n_l+1}^{n}\frac{x_{bj}(\sqrt{(x_j-x_0)^2+(y_j-y_0)^2}-r_0)}{\sqrt{(x_j-x_0)^2+(y_j-y_0)^2}}$$

$$+2\sum_{j=n_l+1}^{n}\frac{x_{bj}\ (y_j-y_0)^2}{(x_j-x_0)^2+(y_j-y_0)^2}$$

$$-2\sum_{j=n_l+1}^{n}\frac{x_{bj}\ (y_j-y_0)^2(\sqrt{(x_j-x_0)^2+(y_j-y_0)^2}-r_0)}{((x_j-x_0)^2+(y_j-y_0))^{3/2}}$$

其中，$f_4(k)$ 对各未知参数的偏导数如下：

$$\frac{\partial f_4(k)}{\partial k_1}=\frac{2\sum_{i=1}^{n_l}a_0b_0x_{bi}y_{bi}}{a_0^2+b_0^2}+2\sum_{j=n_l+1}^{n}\frac{x_{bj}y_{bj}(x_j-x_0)(y_j-y_0)}{(x_j-x_0)^2+(y_j-y_0)^2}$$

$$-2\sum_{j=n_l+1}^{n}\frac{x_{bj}y_{bj}(x_j-x_0)(y_j-y_0)(\sqrt{(x_j-x_0)^2+(y_j-y_0)^2}-r_0)}{((x_j-x_0)^2+(y_j-y_0))^{3/2}}$$

$$\frac{\partial f_4(k)}{\partial k_2}=\frac{2\sum_{i=1}^{n_l}a_0b_0y_{bi}^2}{a_0^2+b_0^2}+2\sum_{j=n_l+1}^{n}\frac{y_{bj}^2(x_j-x_0)(y_j-y_0)}{(x_j-x_0)^2+(y_j-y_0)^2}$$

$$-2\sum_{j=n_l+1}^{n}\frac{y_{bj}^2(x_j-x_0)(y_j-y_0)(\sqrt{(x_j-x_0)^2+(y_j-y_0)^2}-r_0)}{((x_j-x_0)^2+(y_j-y_0))^{3/2}}$$

$$\frac{\partial f_4(k)}{\partial k_3}=\frac{2\sum_{i=1}^{n_l}b_0^2x_{bi}y_{bi}}{a_0^2+b_0^2}+2\sum_{j=n_l+1}^{n}\frac{x_{bj}y_{bj}(\sqrt{(x_j-x_0)^2+(y_j-y_0)^2}-r_0)}{\sqrt{(x_j-x_0)^2+(y_j-y_0)^2}}$$

$$+2\sum_{j=n_l+1}^{n}\frac{x_{bj}y_{bj}\ (y_j-y_0)^2}{(x_j-x_0)^2+(y_j-y_0)^2}$$

$$-2\sum_{j=n_l+1}^{n}\frac{x_{bj}y_{bj}\ (y_j-y_0)^2(\sqrt{(x_j-x_0)^2+(y_j-y_0)^2}-r_0)}{((x_j-x_0)^2+(y_j-y_0))^{3/2}}$$

$$\frac{\partial f_4(k)}{\partial k_4}=\frac{2\sum_{i=1}^{n_l} b_0^2 y_{bi}^2}{a_0^2+b_0^2}+2\sum_{j=n_l+1}^{n}\frac{y_{bi}^2(\sqrt{(x_j-x_0)^2+(y_j-y_0)^2}-r_0)}{\sqrt{(x_j-x_0)^2+(y_j-y_0)^2}}$$

$$+2\sum_{j=n_l+1}^{n}\frac{y_{bi}^2(y_j-y_0)^2}{(x_j-x_0)^2+(y_j-y_0)^2}$$

$$-2\sum_{j=n_l+1}^{n}\frac{y_{bi}^2(y_j-y_0)^2(\sqrt{(x_j-x_0)^2+(y_j-y_0)^2}-r_0)}{((x_j-x_0)^2+(y_j-y_0))^{3/2}}$$

$$\frac{\partial f_4(k)}{\partial k_5}=\frac{2\sum_{i=1}^{n_l} a_0 b_0 y_{bi}}{a_0^2+b_0^2}+2\sum_{j=n_l+1}^{n}\frac{y_{bi}(x_j-x_0)(y_j-y_0)}{(x_j-x_0)^2+(y_j-y_0)^2}$$

$$-2\sum_{j=n_l+1}^{n}\frac{y_{bi}(x_j-x_0)(y_j-y_0)(\sqrt{(x_j-x_0)^2+(y_j-y_0)^2}-r_0)}{((x_j-x_0)^2+(y_j-y_0))^{3/2}}$$

$$\frac{\partial f_4(k)}{\partial k_6}=\frac{2\sum_{i=1}^{n_l} b_0^2 y_{bi}}{a_0^2+b_0^2}+2\sum_{j=n_l+1}^{n}\frac{y_{bi}(\sqrt{(x_j-x_0)^2+(y_j-y_0)^2}-r_0)}{\sqrt{(x_j-x_0)^2+(y_j-y_0)^2}}$$

$$+2\sum_{j=n_l+1}^{n}\frac{y_{bi}(y_j-y_0)^2}{(x_j-x_0)^2+(y_j-y_0)^2}$$

$$-2\sum_{j=n_l+1}^{n}\frac{y_{bi}(y_j-y_0)^2(\sqrt{(x_j-x_0)^2+(y_j-y_0)^2}-r_0)}{((x_j-x_0)^2+(y_j-y_0))^{3/2}}$$

其中，$f_5(k)$ 对各未知参数的偏导数如下：

$$\frac{\partial f_5(k)}{\partial k_1}=\frac{2\sum_{i=1}^{n_l} a_0^2 x_{bi}}{a_0^2+b_0^2}+2\sum_{j=n_l+1}^{n}\frac{x_{bj}(\sqrt{(x_j-x_0)^2+(y_j-y_0)^2}-r_0)}{\sqrt{(x_j-x_0)^2+(y_j-y_0)^2}}$$

$$+2\sum_{j=n_l+1}^{n}\frac{x_{bj}(x_j-x_0)^2}{(x_j-x_0)^2+(y_j-y_0)^2}$$

$$-2\sum_{j=n_l+1}^{n}\frac{x_{bj}(x_j-x_0)^2(\sqrt{(x_j-x_0)^2+(y_j-y_0)^2}-r_0)}{((x_j-x_0)^2+(y_j-y_0))^{3/2}}$$

$$\frac{\partial f_5(k)}{\partial k_2}=\frac{2\sum_{i=1}^{n_l}a_0^2 y_{bi}}{a_0^2+b_0^2}+2\sum_{j=n_l+1}^{n}\frac{y_{bj}\left(\sqrt{(x_j-x_0)^2+(y_j-y_0)^2}-r_0\right)}{\sqrt{(x_j-x_0)^2+(y_j-y_0)^2}}$$

$$+2\sum_{j=n_l+1}^{n}\frac{y_{bj}\,(x_j-x_0)^2}{(x_j-x_0)^2+(y_j-y_0)^2}$$

$$-2\sum_{j=n_l+1}^{n}\frac{y_{bj}\,(x_j-x_0)^2\left(\sqrt{(x_j-x_0)^2+(y_j-y_0)^2}-r_0\right)}{((x_j-x_0)^2+(y_j-y_0))^{3/2}}$$

$$\frac{\partial f_5(k)}{\partial k_3}=\frac{2\sum_{i=1}^{n_l}a_0 b_0 x_{bi}}{a_0^2+b_0^2}+2\sum_{j=n_l+1}^{n}\frac{x_{bj}(x_j-x_0)(y_j-y_0)}{(x_j-x_0)^2+(y_j-y_0)^2}$$

$$-2\sum_{j=n_l+1}^{n}\frac{x_{bj}(x_j-x_0)(y_j-y_0)\left(\sqrt{(x_j-x_0)^2+(y_j-y_0)^2}-r_0\right)}{((x_j-x_0)^2+(y_j-y_0))^{3/2}}$$

$$\frac{\partial f_5(k)}{\partial k_4}=\frac{2\sum_{i=1}^{n_l}a_0 b_0 y_{bi}}{a_0^2+b_0^2}+2\sum_{j=n_l+1}^{n}\frac{y_{bj}(x_j-x_0)(y_j-y_0)}{(x_j-x_0)^2+(y_j-y_0)^2}$$

$$-2\sum_{j=n_l+1}^{n}\frac{y_{bj}(x_j-x_0)(y_j-y_0)\left(\sqrt{(x_j-x_0)^2+(y_j-y_0)^2}-r_0\right)}{((x_j-x_0)^2+(y_j-y_0))^{3/2}}$$

$$\frac{\partial f_5(k)}{\partial k_5}=\frac{2\sum_{i=1}^{n_l}a_0^2}{a_0^2+b_0^2}+2\sum_{j=n_l+1}^{n}\frac{\left(\sqrt{(x_j-x_0)^2+(y_j-y_0)^2}-r_0\right)}{\sqrt{(x_j-x_0)^2+(y_j-y_0)^2}}$$

$$+2\sum_{j=n_l+1}^{n}\frac{(x_j-x_0)^2}{(x_j-x_0)^2+(y_j-y_0)^2}$$

$$-2\sum_{j=n_l+1}^{n}\frac{(x_j-x_0)^2\left(\sqrt{(x_j-x_0)^2+(y_j-y_0)^2}-r_0\right)}{((x_j-x_0)^2+(y_j-y_0))^{3/2}}$$

$$\frac{\partial f_5(k)}{\partial k_6}=\frac{2\sum_{i=1}^{n_l}a_0b_0}{a_0^2+b_0^2}+2\sum_{j=n_l+1}^{n}\frac{(x_j-x_0)(y_j-y_0)}{(x_j-x_0)^2+(y_j-y_0)^2}$$

$$-2\sum_{j=n_l+1}^{n}\frac{(x_j-x_0)(y_j-y_0)(\sqrt{(x_j-x_0)^2+(y_j-y_0)^2}-r_0)}{((x_j-x_0)^2+(y_j-y_0))^{3/2}}$$

其中，$f_6(k)$ 对各未知参数的偏导数如下：

$$\frac{\partial f_6(k)}{\partial k_1}=\frac{2\sum_{i=1}^{n_l}a_0b_0x_{bi}}{a_0^2+b_0^2}+2\sum_{j=n_l+1}^{n}\frac{x_{bj}(x_j-x_0)(y_j-y_0)}{(x_j-x_0)^2+(y_j-y_0)^2}$$

$$-2\sum_{j=n_l+1}^{n}\frac{x_{bj}(x_j-x_0)(y_j-y_0)(\sqrt{(x_j-x_0)^2+(y_j-y_0)^2}-r_0)}{((x_j-x_0)^2+(y_j-y_0))^{3/2}}$$

$$\frac{\partial f_6(k)}{\partial k_2}=\frac{2\sum_{i=1}^{n_l}a_0b_0y_{bi}}{a_0^2+b_0^2}+2\sum_{j=n_l+1}^{n}\frac{y_{bj}(x_j-x_0)(y_j-y_0)}{(x_j-x_0)^2+(y_j-y_0)^2}$$

$$-2\sum_{j=n_l+1}^{n}\frac{y_{bj}(x_j-x_0)(y_j-y_0)(\sqrt{(x_j-x_0)^2+(y_j-y_0)^2}-r_0)}{((x_j-x_0)^2+(y_j-y_0))^{3/2}}$$

$$\frac{\partial f_6(k)}{\partial k_3}=\frac{2\sum_{i=1}^{n_l}b_0^2x_{bi}}{a_0^2+b_0^2}+2\sum_{j=n_l+1}^{n}\frac{x_{bj}(\sqrt{(x_j-x_0)^2+(y_j-y_0)^2}-r_0)}{\sqrt{(x_j-x_0)^2+(y_j-y_0)^2}}$$

$$2\sum_{j=n_l+1}^{n}\frac{x_{bj}\ (y_j-y_0)^2}{(x_j-x_0)^2+(y_j-y_0)^2}$$

$$-2\sum_{j=n_l+1}^{n}\frac{x_{bj}\ (y_j-y_0)^2(\sqrt{(x_j-x_0)^2+(y_j-y_0)^2}-r_0)}{((x_j-x_0)^2+(y_j-y_0))^{3/2}}$$

$$\frac{\partial f_6(k)}{\partial k_4}=\frac{2\sum_{i=1}^{n_l}b_0^2y_{bi}}{a_0^2+b_0^2}+2\sum_{j=n_l+1}^{n}\frac{y_{bj}(\sqrt{(x_j-x_0)^2+(y_j-y_0)^2}-r_0)}{\sqrt{(x_j-x_0)^2+(y_j-y_0)^2}}$$

$$+2\sum_{j=n_l+1}^{n}\frac{y_{bj}(y_j-y_0)^2}{(x_j-x_0)^2+(y_j-y_0)^2}$$

$$-2\sum_{j=n_l+1}^{n}\frac{y_{bj}(y_j-y_0)^2(\sqrt{(x_j-x_0)^2+(y_j-y_0)^2}-r_0)}{((x_j-x_0)^2+(y_j-y_0))^{3/2}}$$

$$\frac{\partial f_6(k)}{\partial k_5}=\frac{2\sum_{i=1}^{n_l}a_0b_0}{a_0^2+b_0^2}+2\sum_{j=n_l+1}^{n}\frac{(x_j-x_0)(y_j-y_0)}{(x_j-x_0)^2+(y_j-y_0)^2}$$

$$-2\sum_{j=n_l+1}^{n}\frac{(x_j-x_0)(y_j-y_0)(\sqrt{(x_j-x_0)^2+(y_j-y_0)^2}-r_0)}{((x_j-x_0)^2+(y_j-y_0))^{3/2}}$$

$$\frac{\partial f_6(k)}{\partial k_6}=\frac{2\sum_{i=1}^{n_l}b_0^2}{a_0^2+b_0^2}+2\sum_{j=n_l+1}^{n}\frac{(\sqrt{(x_j-x_0)^2+(y_j-y_0)^2}-r_0)}{\sqrt{(x_j-x_0)^2+(y_j-y_0)^2}}$$

$$2\sum_{j=n_l+1}^{n}\frac{(y_j-y_0)^2}{(x_j-x_0)^2+(y_j-y_0)^2}$$

$$-2\sum_{j=n_l+1}^{n}\frac{(y_j-y_0)^2(\sqrt{(x_j-x_0)^2+(y_j-y_0)^2}-r_0)}{((x_j-x_0)^2+(y_j-y_0))^{3/2}}$$

以上各偏导数代入式(5-21)即可解算出各未知参数。

5.4 都江堰铁路震害受损评估试验

为了验证本章提出的震后铁路曲线受损评估模型的可行性，本书采用都江堰实验区(图 5-3)的震后 IKONOS 立体影像和震前 1∶500 地形图数据进行震后铁路受损评估。震前的地形图数据(图 5-3(a))用于计算震前铁路曲线参数，而震后相应区域的 IKONOS 立体影像(图 5-3(b))则用于提取震后铁路曲线平面坐标。

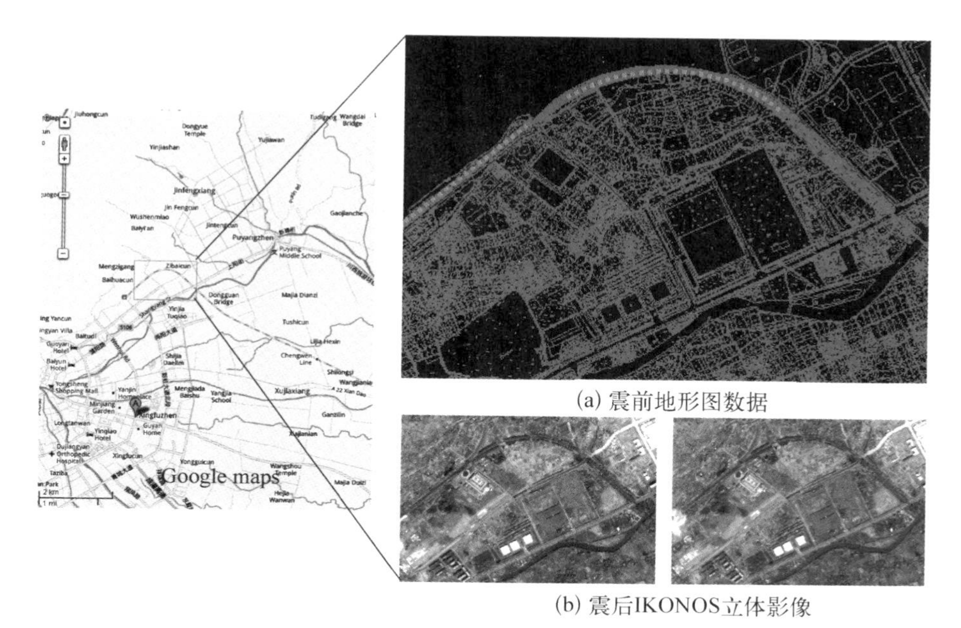

(a) 震前地形图数据

(b) 震后IKONOS立体影像

图 5－3　震后铁路形变评估实验区

5.4.1　都江堰震前铁路曲线几何参数计算

在本实验中，从震前地形图中取了铁路线中心线点，其中，直线上 10 个点(No. 1～No. 12)，圆曲线上 165 个点(No. 13～No. 165)，根据方程(5－1)～方程(5－7)，可以计算出直线方程和圆曲线方程的参数和精度见表 5－1。结果表明统一平差的中误差为 0.068 m。

表 5－1　铁路曲线参数计算精度

参　　数	参　数　值	曲 线 类 型
a_0	－0.859 428 859 017 71	直　线
b_0	1	
c_0	－166.193 003 627 083 4	

续 表

参　　数	参 数 值	曲 线 类 型
x_0	252.075 383 234 358 1	圆曲线
y_0	−398.818 601 850 273 8	
r_0	597.449 315 324 775 9	
中误差	**0.068** m	

5.4.2　铁路曲线点平面坐标计算

由于影像提供商直接提供的 RPC 系数存在系统误差，因此采用前面 3.2.3 节介绍的 RPC 光束法平差进行偏差改正（Grodecki 和 Dial 2003；Fraser 等，2003）[65,58]。选取了 25 个分布均匀的控制点和 37 个像控点进行定位精度的检核，结果表明：二次多项式改正模型取得了平面精度最高，在 x 和 y 方向上取得了 0.788 m、0.701 m 的平面定位精度，因此本实验采用二次多项式改正模型作为 RPC 光束法的偏差改正模型进行震后铁路曲线点平面坐标的解算。

从震后 IKONOS 立体影像提取出的铁路曲线点坐标 26 个，其中位于原铁路直线上点 9 个（No. 1～No. 9），位于原铁路圆曲线上点 17 个（No. 10～No. 26）。

5.4.3　都江堰震后铁路受损评估

获得震后的铁路曲线点后，就可以利用本章 5.3.1 节提出的五种铁路受损评估模型来评估震后铁路受损程度。由于方程（5－20）是非线性方程，因此需要给定初值，但是没有先验的估值，假设震后铁路形变不至于长度发生非常大的变化，因此可以将比例参数初值设为 1，其他均设为 0。利用最小二乘迭代就可以求解未知数。五种铁路受损评估模型精度比较如图5-4所示。结果表明：五种受损评估模型的距离中误差从0.318 m到0.393 m，除了二次多项式模型，提取的震后铁路形变量从0.304 m到0.385 m，其中仿射变换模型经过变换后到铁路曲线的距离平方和最小，为0.318 m。

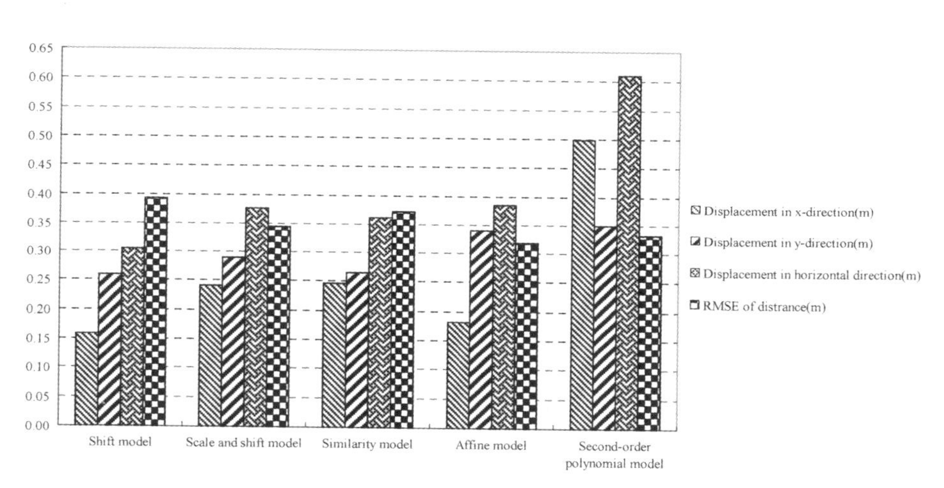

图5-4　五种铁路受损评估模型精度比较

图5-5分别显示了五种受损评估模型提取的震后每一个曲线点的位移量和位移方向。

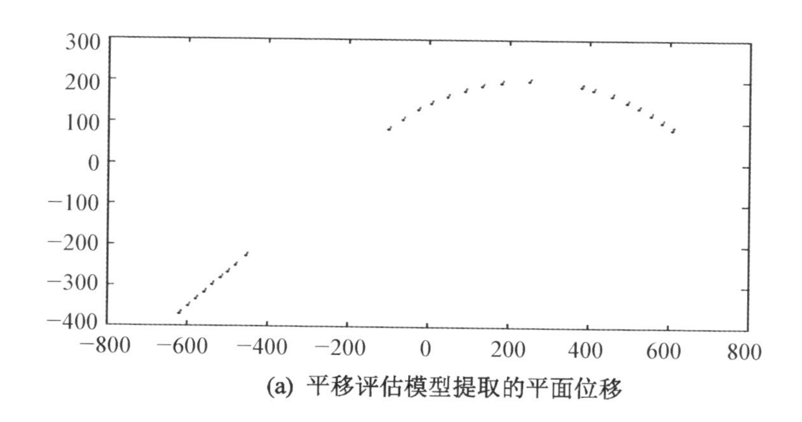

(a) 平移评估模型提取的平面位移

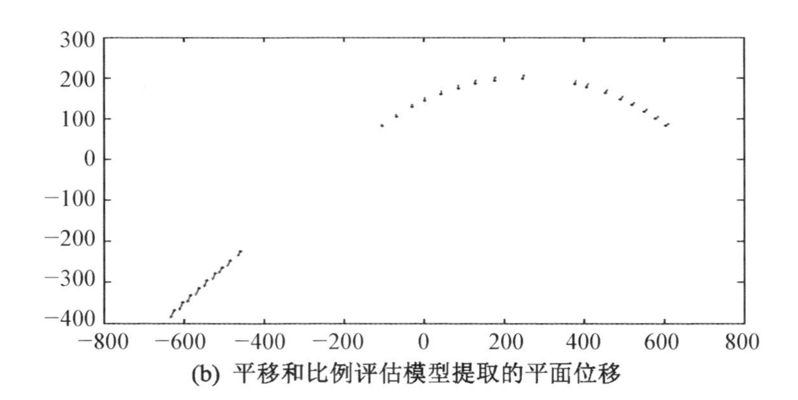

(b) 平移和比例评估模型提取的平面位移

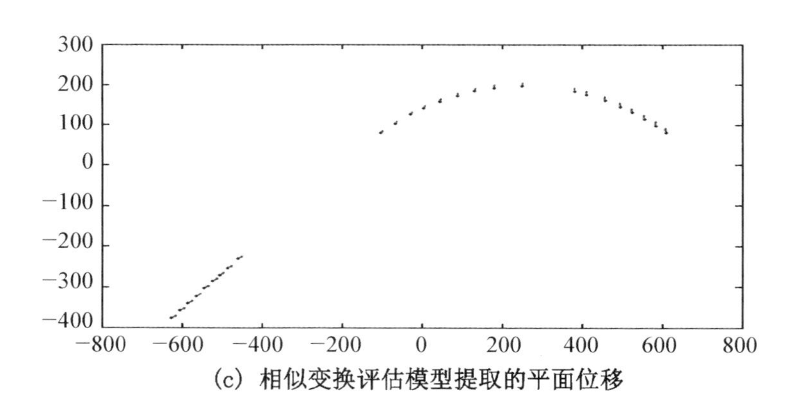

(c) 相似变换评估模型提取的平面位移

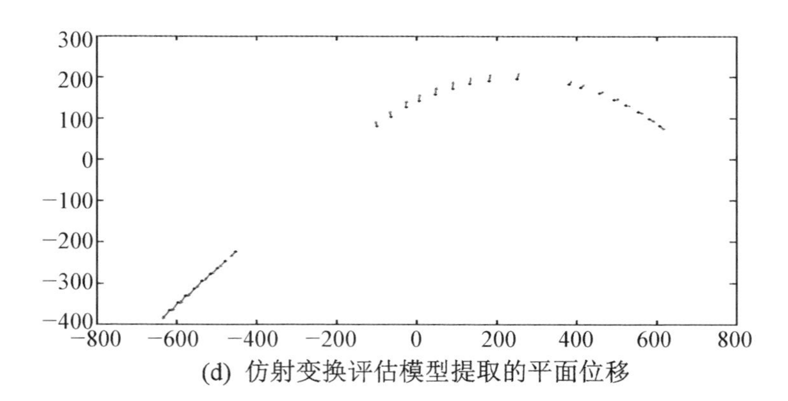

(d) 仿射变换评估模型提取的平面位移

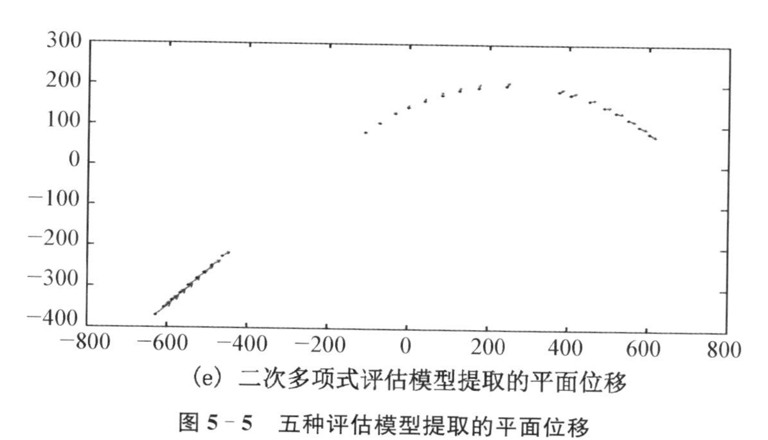

(e) 二次多项式评估模型提取的平面位移

图 5-5　五种评估模型提取的平面位移

5.5　本章小结

本章介绍了一种震后铁路受损实物量精细化评估的方法。该方法根据震前的地形图数据利用最小二乘平差原理恢复了震前铁路曲线(直线、圆曲线、缓和曲线)参数;在高分辨率立体遥感影像提取的铁路曲线特征点的基础上,应用最小二乘准则建立震后铁路受损评估模型,实现了铁路受损评估模型的参数估计;根据震前、震后铁路曲线几何形态的变化评估了铁路受损的程度。为了验证提出的铁路受损实物量精细化评估模型的可行性,采用实地 GPS 观测像控点数据与震后 IKONOS 立体影像进行震后铁路曲线点定位偏差修正解算,震前则利用都江堰 1∶500 电子地形图数据估计铁路曲线参数,然后采用五种铁路受损评估模型(平移、平移+比例、仿射变换、二次多项式和相似变换)来近似建模,以震后曲线点经近似变换后到震前铁路曲线距离之和最小为平差准则,进而估计铁路受损评估模型参数,实验结果表明仿射变换评估模型取得了最小的距离平方和,评估的受损程度达到分米级。

第6章 基于房屋倒塌信息的人员伤亡实物量精细化评估

震后医学救援非常重要的依据是伤亡人员的人数和分布，这些信息可以有效地辅助医学救援团队进行更科学的医学救援物质、救护人员配备。震后救援工作是一个巨大的系统工程，震后救援的核心任务是迅速营救被困的存活人员，达到最大程度减少人员死亡数量的目的，评估伤亡人员数量和伤亡人员集中的地点是救援工作的第一步，震区建筑物的损毁状态和伤亡数量有直接关系，因此相对于经验统计拟合的人员伤亡预测模型，基于建筑物损毁的人员伤亡预测将更加准确。

本章提出了一种集成高分辨率卫星遥感数据、地形图数据、GPS实测数据、人员伤亡实地调查数据进行震后人员伤亡实物量精细化评估模型。整个技术方案包括三个部分：第一部分是利用本书4.4节提出的高分辨率卫星遥感影像和地形图数据提取房屋倒塌三维信息（DI）；第二部分从地形图数据提取出受损建筑的结构和材质信息（MSI）；第三部分是根据提取的DI和MSI构建伤亡评估与预测模型。书中选取了都江堰实验区三个乡镇的数据对本书提出的人员伤亡评估方法进行验证。

6.1　震后人员伤亡实物量精细化评估

图 6-1 显示了本书提出的基于 IKONOS 立体影像的人员伤亡评估技术流程，主要分为三个部分：房屋倒塌灾害提取、灾害因子和人员伤亡预测评估。

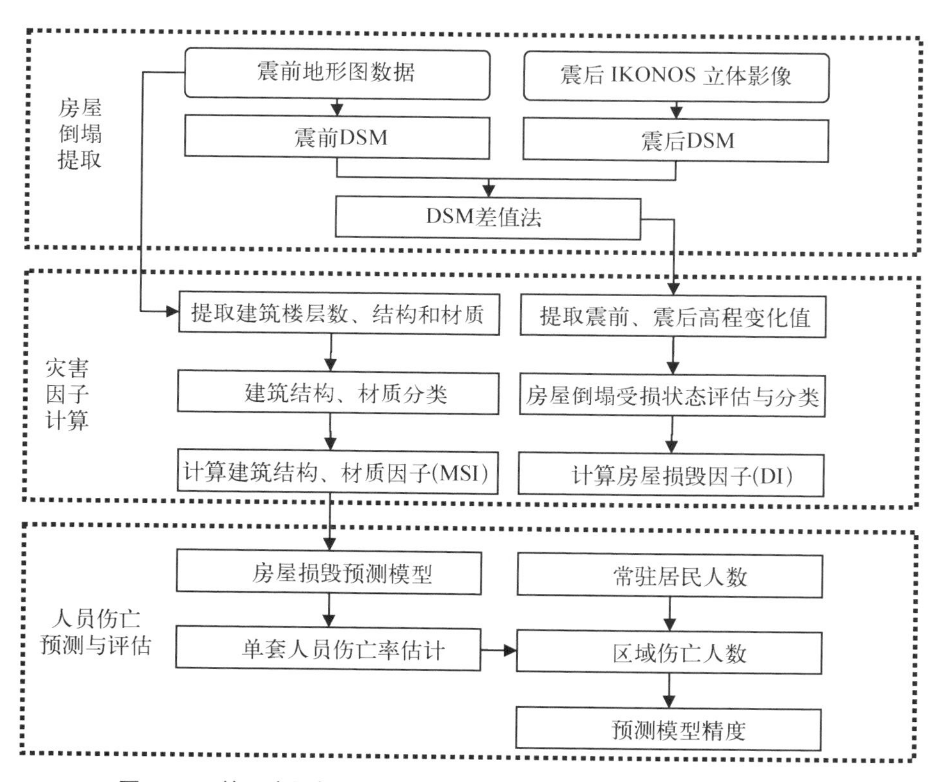

图 6-1　基于房屋损毁信息的人员伤亡实物量精细化评估技术流程

6.1.1　房屋倒塌受损信息提取

房屋倒塌震害提取在书中 4.4 节已有详细描述，在此不再赘述。

6.1.2 人员伤亡评估影响因子

相对于发达国家来说，发展中国家灾后受最大影响的主要是人员伤亡(Blong，2003)[31]，因此在本书中暂没有考虑房屋的经济价值损失。欧洲地震烈度表(EMS98)提出了一种比较粗糙的受灾尺度因子(Schwarz 等，2006)[111]。利用遥感影像提取的震前、震后房屋高度的变化可以用来提取房屋倒塌三维信息，而房屋 D0～D3 级的受损程度难以卫星遥感提取出，同时该级房屋引起的人员伤亡非常小，因此这一类别的受损情况不在本书的讨论中。一般来说，各类房屋倒塌的 DI 值服从正态分布，因此本书采用平均值作为一类倒塌的 DI 值。表 6－1 显示的是欧洲的建筑损毁分类与损害因子的关系表。

表 6－1　建筑损毁分类 (EMS98)

等级	损害因子	受损状态	受 损 描 述
D0	0.0	无损	无损
D1	0.0～0.2	轻微损害	少量的裂缝、少量墙体颗粒掉落
D2	0.2～0.4	中等损害	墙体有较多裂缝、大量的墙体颗粒掉落、部分烟囱倒塌
D3	0.4～0.6	重度受损	大部分墙体出现广泛的裂缝、屋顶瓦片脱落、烟囱与屋顶开裂、非结构构件的故障
D4	0.6～0.8	非常严重的受损	墙体受损严重，屋顶和地板的结构受损
D5	0.8～1.0	完全损毁	完全或接近完全损毁

房屋的受损程度直接影响到震后人员的伤亡情况，随着 MSI 的增加，伤亡人数亦增加。MSI 是通过房屋的高度或楼层数以及建筑的结构和材质综合计算的，建筑高度或楼层数与逃生率(r_e)成反比。因此，逃生率可以表达为式(6－1)：

$$r_e = \frac{n_e}{N}, \tag{6-1}$$

式中，N 为建筑内总人数；n_e 为成功逃生人数，t 由地震波推导而来。此时简单假设人们逃生的速度相同，而 t_i 为一个人成功从建筑逃出所需要的时间，假如 $t_i < t$，则第 i 个人成功逃出，据此可以计算在 t 时间内多长的距离（$d = vt$）范围内人们可以成功逃出。预计的常驻居民人数（N）可以根据当地的统计数据计算得出：

$$N = s \times f \times n_a, \tag{6-2}$$

式中，s 为房屋的面积；f 为楼层数（两者都可以从数字地形图提取相应的图层信息从而建立的 GIS 库中获得）；n_a 为人均住宅面积，该项指数也可以通过当地统计年鉴获得。超过时间 t，则认为该人员将遭受房屋倒塌引起的伤亡。当然不同的建筑材质和结构会对伤亡有不同的影响，一般认为，木质结构的房屋倒塌或倾斜引起的人员伤亡较少，不同的建筑结构、材质倒塌引起的人员伤亡之间的关系可以表达为

$$c = \mathrm{e}^{am+b} \tag{6-3}$$

式中，c 为伤亡比例系数；m 是不同材质建筑的等级系数，a 和 b 则为该建筑等级模型参数。只有那些仍留在建筑内的人员才会受伤害，因此 MSI 可以表达为

$$MSI = c \times (1 - r_e). \tag{6-4}$$

6.1.3　人员伤亡预测模型

相同类型的房屋在相同的损毁程度下，人员的伤亡大致相同。从已有的人员伤亡模型（Coburn，1992；Maqsood 和 Schwarz，2011；So 和 Spence，2012）[41][92][118]、人员伤亡的数量可以由如下公式得到：

$$N_c = N \times T \times C, \tag{6-5}$$

式中，T 为超过时间 t 的房屋占有率；C 为联合伤亡率；C 由 DI 和 MSI 决定。当 DI 不大时，对于所有的房屋，C 都很小；当房屋损毁程度加剧时，木质房屋的 C 上升不大，相对地，石料结构的房屋 C 急剧上升。它们之间的关系见图 6-2，从图上可以看出，当 MSI 比较低时，C 的增幅比 DI 增幅小，随着 MSI 的增长，C 开始增长得越来越快，基于以上的综合关系，本书提出如下伤亡计算模型：

$$C = 1 - \mathrm{e}^{-a\frac{DI^{16}}{(1-MSI)}+b} \tag{6-6}$$

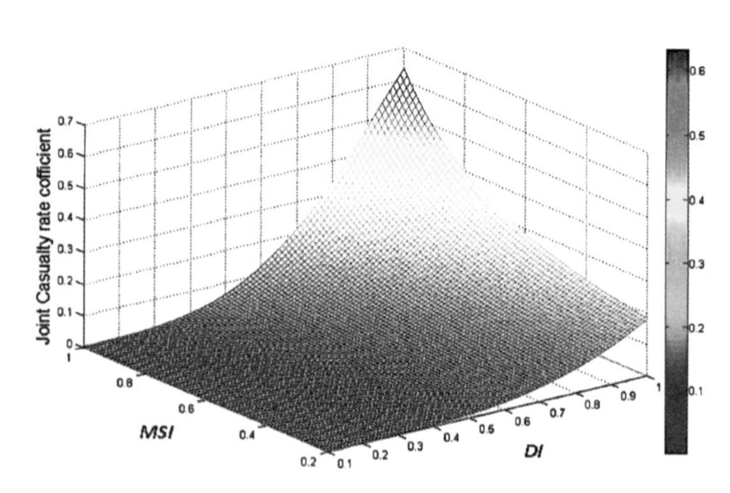

图 6-2　C、DI 和 MSI 之间的关系图

6.2　都江堰震后人员伤亡实物量精细化评估实验

6.2.1　实验数据

表 6-2 是都江堰各乡镇详细的人员伤亡信息，表中粗体行为本书实验的三个乡镇。

表 6－2　都江堰震区详细的伤亡信息(徐超等,2012)[10]

Place	2000 年人口	2008 年人口	死亡率	受伤率	死亡人数	受伤人数
幸福镇	**122 728**	**125 241**	**0.64%**	**2.19%**	**802**	**2 743**
灌口镇	**75 059**	**76 596**	**1.02%**	**3.48%**	**781**	**2 666**
聚源乡	30 985	31 619	0.77%	2.63%	243	832
青城山镇	25 958	26 489	0.62%	2.12%	164	562
胥家镇	**42 864**	**43 742**	**0.23%**	**0.79%**	**101**	**346**
蒲阳镇	26 163	26 699	0.36%	1.23%	96	328
崇义镇	36 460	37 207	0.15%	0.51%	56	190
天马镇	29 936	30 549	0.17%	0.58%	52	177
玉堂镇	20 894	21 322	0.19%	0.65%	41	139

6.2.2　震后房屋倒塌提取

基于震后 IKONOS 立体影像和震前地形图生成的 DSM 差值法提取的房屋倒塌灾害信息如图 6－3。实验区含有三个镇,分别是灌口镇、幸福镇和胥家镇,这些镇均是在 2008 年汶川地震中受灾严重的乡镇。通过本书 4.4 节提出的方案提取的高度变化信息根据表 6－2 可以计算出房屋的 *DI* 值。

都江堰辖区的建筑结构主要可以分为三类(张敏政, 2008)[18]：A 类包含建于 20 世纪 70 年代及以前的老房子,这些房子大部分为木结构或者是砖木结构。按照当时的设计原则,这些建筑是没有抗震能力的,因此这些房子大部分倒塌或受损严重。B 类的房子建于 80 年代,但是仍然没有防震的设计考虑,这些房子主要为砖混结构,尽管这些房子的倒塌率不高,但是严重受损或倒塌时会引起严重的人员伤亡。C 类的房子是按照一定防震等级设计的,该类房子建于 90 年代之后,它们一般是钢筋混凝土结构,它们的框架一般都是采用钢筋混凝土浇灌,具有较强的抗震能力,这一类的房子在此次地震中倒塌较少。

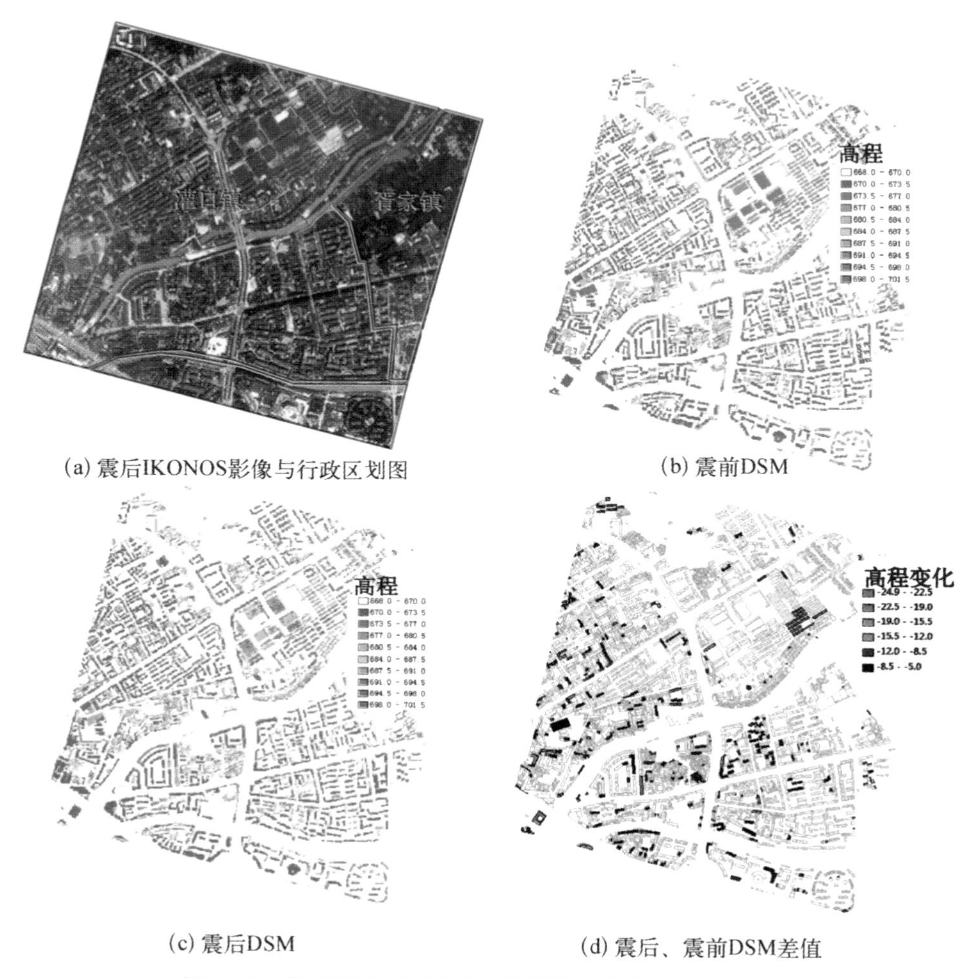

(a) 震后IKONOS影像与行政区划图　(b) 震前DSM

(c) 震后DSM　(d) 震后、震前DSM差值

图 6-3　基于震后 IKONOS 立体影像和震前地形图生成的 DSM 差值法得到的房屋倒塌灾害提取

从都江堰 1∶500 地形图提取的 GIS 数据库(包含房屋的类型、高度、面积、位置等信息)统计表明,灌口镇的建筑主要为 A 类和 B 类,A 类和 B 类的比例为 3∶7,其中大约 70%的 A 类建筑和 40% 的 B 类建筑倒塌。都江堰市的乡镇有着相似的人文、自然环境,不同的乡镇伤亡比例与总体的伤亡比率相似为 3.40∶1。

6.2.3　*DI* 和 *MSI* 计算

由于现有 IKONOS 空间分辨率的限制，难以提取出表 6-2 中 D0～D3 级的房屋受损情况，因此本书仅考虑房屋倒塌或严重受损这两种情况。为了计算的方便，*DI* 取相应等级的损害因子的平均值，因此倒塌房屋的 *DI* 值设为 0.9，而严重受损的 *DI* 值设为 0.7。*C* 是不同建筑结构类型倒塌后的危害权重，从地形图数据提取的 GIS 数据库包含了建筑的楼层数和建筑结构，这些楼层数根据式(6-4)可以计算逃生率(r_e)，不同建筑材质的 *MSI* 显示在表 6-3。利用这些获得的各项因子参数，在 95%的置信区间下得到中误差为 0.22，具体的建筑结构与伤亡预测模型参数的关系图见图 6-4。

表 6-3　不同建筑材质的 *MSI*

建 筑 材 料	M	C	$1-r_e$	MSI
泥砾(B 类)	**9**	**0.99**	**0.88**	**0.87**
土　坯	5	0.50	0.88	0.43
石　砌	7	0.58	0.90	0.52
砖　砌	8	0.83	0.90	0.74
木架(混合墙，A 类)	**5**	**0.50**	**0.83**	**0.41**
木架（坚固墙）	2.5	0.33	0.83	0.28
木架(木镶板墙)	1	0.17	0.88	0.14
钢筋混凝土	2.5	0.33	0.90	0.45
钢筋混凝土(剪力墙，C 类)	**2.5**	**0.33**	**0.83**	**0.28**

6.2.4　人员伤亡预测

计算出 *DI* 和 *MSI* 之后，建筑结构损毁矩阵(表 6-4) 可以用来表达建筑结构与人员伤亡的关系。

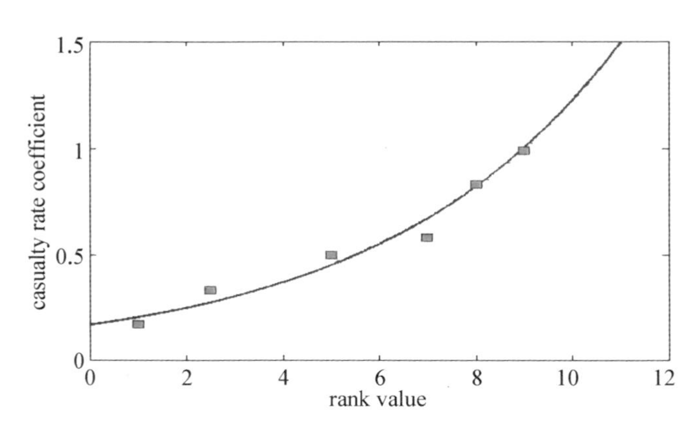

图 6-4　建筑结构与伤亡预测模型参数的关系

表 6-4　结构-损毁矩阵

	倒塌(0.9)*DI*	损毁 (0.7)*MSI*
A 类建筑 (0.41)	$C_{ac}=0.71$	$C_{ad}=0.41$
B 类建筑 (0.87)	$C_{bc}=0.98$	$C_{bd}=0.13$

根据人员伤亡预测模型方程式 6-6，可以得出其中误差为 0.12，详细结果见图 6-5。

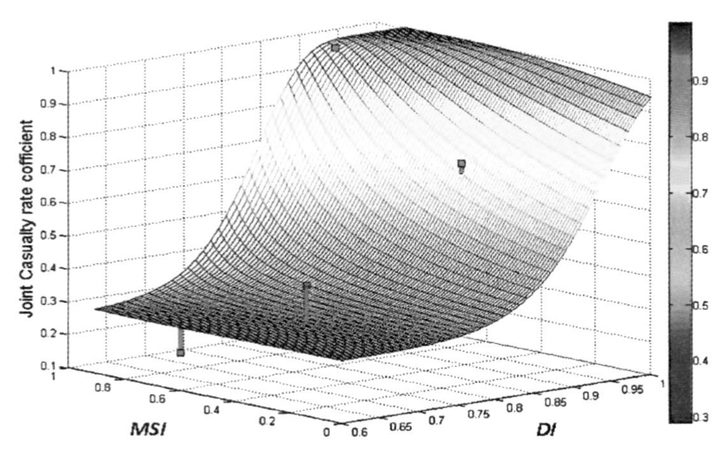

图 6-5　人员伤亡率参数、*DI* 和 *MSI*（红线表示的是预测模型的结果与真实值的差值）

灌口镇的人员伤亡预测结果显示在表 6-5。预测的伤亡人数是实际调查的伤亡人数 1.11 倍，预测的倒塌房屋导致的伤亡人数比受损房屋导致的伤亡人数更准确，实际的 A 类倒塌房屋导致的伤亡情况比预测的更严重，而人们从受损的房屋逃生的机会更多一些，因为受损的房屋逃生情况更为复杂，不确定性增大，因此受损房屋导致的人员伤亡预测效果有较大的偏差。

表 6-5　灌口镇人员伤亡预测结果表

建筑类别	房屋状态	实际伤亡(人)	预测（95% 置信度）
A 类	倒　塌	975.1	921.1(803.7，1 038.4)
	受　损	241.3	174.2(152.0，196.3)
B 类	倒　塌	1 794.6	1 769.9(1 544.4，1 995.4)
	受　损	357.1	894.0(780.1，1 007.9)
总　计		3 368.1	3 759.1(3 280.2，4 238.0)

同样的方法，可以应用于幸福镇、胥家镇的人员伤亡预测。表 6-6 显示的是 A、B、C 三类建筑的损毁矩阵。

表 6-6　结构-损毁矩阵

建筑类型	倒　塌(0.9)	受　损(0.7)
A 类建筑(0.41)	0.68(0.55，0.81)[a]	0.30(0.17，0.43)[a]
B 类建筑(0.87)	0.98(0.85，1.00)[a]	0.33(0.20，0.46)[a]
C 类建筑(0.28)	0.63(0.50，0.76)[a]	0.30(0.17，0.46)[a]

[a] 95% 置信度

从表 6-6 可以预测出幸福镇和胥家镇的伤亡人数，详细的结果显示在表 6-7。

表 6－7　幸福镇和胥家镇人员伤亡预测结果

		预测（95%置信度）	
		幸　福　镇	胥　家　镇
A类	倒　塌	592.1(516.7.7，667.5)	192.6(168.0，217.1)
	受　损	609(531.9，687.2)	113.3(98.8，127.7)
B类	倒　塌	1 137.8(992.8，1 285.7)	23.1(20.2，26.1)
	受　损	574.7(501.5，647.9)	15.6(13.6，17.6)
C类	倒　塌	20.3(17.7，22.9)	14.9(13.0，16.8)
	受　损	183.8(160.4，207.2)	63.7(55.6，71.8)
	小计(预测)	3 118.1(2 721.0，3 515.5)	423.1(369.2，477.0)
	小计(实际)	3 545.0	447.0

从表 6－7 可以看出，幸福镇和胥家镇实际的伤亡人数分别是预测模型计算的人数的 1.14 倍和 1.06 倍，以上结果表明，本书提出的人员伤亡预测模型与实际调查结果非常接近，因此可以使用该预测模型进行灾后医学救援。

6.3　本 章 小 结

本章提出一种利用震后房屋损毁信息进行人员伤亡实物量精细化评估方法。该方法首先利用震前地形图的地面高程数据、房屋楼层信息生成 DSM，然后与震后的 IKONOS 立体影像生成的 DSM 进行差值法，进而提取房屋损毁信息。然后建立以房屋倒塌状态、房屋结构和人口密度为主要参数的人员伤亡预测模型，从而建立了基于高分辨率卫星遥感立体影像的震后人员伤亡精细化评估方法，根据该模型，针对都江堰灌口镇、幸福镇和胥家镇进行了人员伤亡的预测并与实际调查的人员伤亡数据进行比较验证，实验结果表明本章提出的预测模型与实际的人员伤亡情况总体偏低 10%，具有较好的置信水平。

第7章 结论与展望

7.1 结　　论

在高分辨率卫星遥感的技术支持下，震害实物量精细化评估理论和方法刚刚起步，与传统的遥感灾害评估方法采用变化检测技术相比，本书提出的震害三维评估的优越性主要体现在利用多源卫星遥感影像，特别是立体影像，将传统的二维震害信息（比如震害的面积、震害的位置）进一步推进到利用三维信息进行震害损失实物量精细化评估。

本书以震害损失实物量（房屋倒塌、铁路受损、人员伤亡）为研究对象，以三维震害精细化评估为研究目的，以地面监测数据和高分辨率卫星遥感（光学和SAR）影像为基础数据，以震害定位-提取-评估为研究主线，研究了基于高分辨率卫星遥感立体影像（包括光学立体影像、SAR立体影像、光学和SAR异源立体）的立体定位偏差修正模型、基于高分辨率卫星立体影像的房屋倒塌三维评估、震后铁路受损评估、震后人员伤亡评估，形成了基于高分辨率卫星遥感立体影像的地震灾害损失实物量三维精细化评估理论和方法，开发了自主知识产权的地震灾害评估遥感处理系统。

本书完成的主要工作和取得的研究成果如下：

(1) 研究了基于偏差修正模型的 RPC 光束法平差、多源卫星遥感立体定位偏差修正模型,建立了地震灾害损失实物量精细化评估的基础理论。根据高分辨率卫星遥感光学和 SAR 传感器的成像几何关系,研究了基于共线方程的高分辨率卫星光学遥感严格物理模型和基于距离-多普勒方程的 SAR 严格物理模型,同时针对卫星传感器姿态和轨道误差引起的立体定位系统性偏差问题,研究了基于平移、平移加比例、仿射变换、二次多项式四种偏差修正模型 RPC 光束法平差,减少了系统误差的影响。

通过 SAR 和光学遥感的严格物理模型生成像方或物方虚拟控制格网,从而建立了严格物理模型与通用的有理函数模型的转换关系,构建了同源卫星(光学立体影像、SAR 立体影像)与异源卫星(SAR 和光学异源立体)遥感影像的联合定位框架,完善了震区多源遥感联合定位的理论与方法,提高了灾害损失实物量三维精细化评估理论的实用性,为高精度的灾害损失实物量三维精细化评估提供了理论基础。

选取都江堰震区作为实验区,以该区域震后 Cosmo - SkyMed 影像、TerraSAR - X 影像、震前-震后 IKONOS(立体影像)进行了联合立体定位偏差修正实验。实验结果表明,采用提出的高分辨率卫星影像立体定位精度的提高模型,同源、异源的联合定位达到了亚米级的定位精度。同时,光学和 SAR 影像的联合定位精度与基高/像元分辨率正相关。

(3) 提出了一种基于高分辨率卫星遥感立体影像的房屋倒塌三维灾害提取与精细化评估方法。该方法基于半全局匹配算法实现了立体影像的密集匹配,基于有理函数光束法平差生成震区三维密集点云进而得到高精度数字地表模型;然后根据震前、震后得到的数字地表模型差值法来提取出房屋倒塌的三维信息,最后根据震区震前、震后差值法提取了房屋倒塌的区域并评估了其三维倒塌的程度。都江堰震区实验结果表明,该方法实现了基于三维信息的房屋倒塌状态评估,提取的房屋倒塌正确率超过 90%。

(4) 提出了一种基于震前、震后曲线变化的铁路受损精细化评估方法。

该方法根据震前的地形图数据利用最小二乘平差方法恢复了震前铁路曲线（直线、圆曲线、缓和曲线等）几何参数，在高分辨率立体遥感影像提取的铁路曲线特征点的基础上，应用最小二乘准则建立震后铁路受损评估模型并实现了铁路受损评估模型的参数估计。在此基础上，根据震前、震后铁路曲线几何形态的变化评估了铁路受损的程度。

（5）提出了基于房屋受损信息的震后人员伤亡实物量精细化评估方法。在提取了房屋倒塌三维信息后，提出了以房屋倒塌状态、房屋结构和人口密度为主要参数的人员伤亡预测模型，从而建立了基于高分辨率卫星遥感立体影像的震后人员伤亡精细化评估方法。根据该方法针对都江堰灌口镇、幸福镇和胥家镇进行了人员伤亡的预测，并与实际调查的人员伤亡数据进行比较验证。实验结果表明，本书提出的预测模型与实际的人员伤亡情况总体偏低 10%，具有较高的置信水平。

7.2 创新点

本书在研究基于高分辨率卫星遥感立体影像的地震灾害损失实物量三维精细化评估理论和方法中取得如下创新点：

（1）提出了异源卫星遥感立体定位框架理论，建立了地震灾害损失实物量精细化评估的基础理论，提出了一种基于震前、震后高分辨率卫星遥感立体影像生成的 DSM 差值法进行建筑倒塌三维灾害提取与精细化评估方法。

（2）提出了一种基于震前、震后曲线变化的铁路受损精细化评估方法。应用最小二乘准则建立了近似的震后铁路受损评估模型，实现了铁路受损评估模型的参数估计。

（3）提出了基于三维房屋灾害信息的震后人员伤亡实物量精细化评估方法。建立了以房屋倒塌状态、房屋结构和人口密度为主要参数的人员伤亡预测模型。

7.3 展　望

本书基于高分辨率卫星遥感灾害损失实物量评估的现有研究基础，从RPC光束法平差、异源立体定位在灾害评估中的基础理论、三种典型的震害损失（房屋倒塌、铁路受损、人员伤亡）实物量精细化评估方法进行了系统、深入的研究，以提高高分辨率卫星遥感在震害损失实物量精细化评估应用的系统性和实用性。由于作者的学识水平有限，还有一些问题有待进一步深入研究，主要包括：

(1) 多源卫星遥感的联合处理是个复杂的过程，本书提出了联合定位的统一框架，但是未考虑异源遥感不同误差源引起的定位精度影响。同时，由于发生地震的山区难以获得地面控制数据，针对异源遥感无控自由网平差的理论和方法也是非常值得深入研究的问题。

(2) 本书提出的房屋倒塌、铁路受损、人员伤亡实物量精细化评估中部分涉及阈值的设置需要通过试验或者是常识经验得来，研究自适应的全智能化处理方法有待进一步深入。同时，最近几年随着无人机技术的迅速发展，已经具备获取厘米级空间分辨率的影像，可以通过目视解译判读出更多类别的房屋损失信息（比如较长的房屋结构裂缝），研究集成无人机、航空遥感、卫星遥感的灾害损失实物量精细化评估的理论和方法具有理论意义和实用价值。

(3) 本书初步讨论了利用高分辨率卫星遥感在震后人员伤亡实物量精细化评估中的应用，但未能就医学救援的优化配置理论进行深入研究，由于数据的限制，研究对象往往选取了部分区域，文中提到的灾害提取与医疗救援还需要大规模的实证才能更完善、更实用。

参考文献

[1] 程春泉. 多源异构遥感影像联合定位模型研究[D]. 徐州：中国矿业大学，2010.

[2] 李俊. 以 Google Earth 为平台，基于 GDP、人口与场地效应的全球大震损失评估模型[D]. 合肥：中国科学技术大学，2009.

[3] 李珊珊，周莉，宫辉力，等. 无人机遥感系统在灾害损失实物量评估中的应用[J]. 测绘科学，2013，38(6)：76－78，81.

[4] 陆程，孙建延. 基于遥感技术进行震害评估的研究进展[J]. 中州大学学报，2011，01：114－117.

[5] 王新洲，刘丁酉，黄海兰. 谱修正迭代结果的协因素矩阵[J]. 武大大学学报(信息科学版)，2003，28(4)：429－431.

[6] 王新洲，刘丁酉，张前勇，等. 谱修正迭代法及其在测量数据处理中的应用[J]. 黑龙江工程学院学报. 2001，15(2)：3－6.

[7] 王新洲，刘丁酉. 最小二乘估计中法方程的迭代解法[J]. 湖北民族学院学报(自然科学版). 2002，20(3)：1－4.

[8] 吴剑. 基于面向对象技术的遥感震害信息提取与评价方法研究[D]. 武汉：武汉大学，2010.

[9] 吴文英，吴炳玉，李进强. 城市地震灾害风险分析模型研究——以福州市为例[M]. 北京：北京理工大学出版社，2012.

[10] 徐超，刘爱文，温增平. 汶川地震都江堰市人员伤亡研究[J]. 地震工程与工程振

动，2012，01：182－188.

[11] 邢帅，徐青，何钰，等. 多源遥感影像“复合式”立体定位的研究[J]. 武汉大学学报(信息科学版)，2009，05：522－526.

[12] 邢帅，徐青，靳国旺，等. 光学与SAR卫星遥感影像复合式“立体”定位技术的研究[J]. 测绘学报，2008，02：172－177，184.

[13] 杨杰. 星载SAR影像定位和从星载InSAR影像自动提取高程信息的研究[D]. 武汉：武汉大学，2004.

[14] 尤红建，付琨. 合成孔径雷达图像精准处理[M]. 北京：科学出版社，2011.

[15] 袁修孝，曹金山，等. 高分辨率卫星遥感精确对地目标定位理论与方法[M]. 北京：科学出版社，2012.

[16] 张过. 缺少控制点的高分辨率卫星遥感影像几何纠正[D]. 武汉：武汉大学，2005.

[17] 张过，秦绪文. 基于RPC模型的星载SAR和InSAR数据处理技术[M]. 北京：测绘出版社，2013.

[18] 张敏政. 汶川地震中都江堰市的房屋震害[J]. 地震工程与工程振动，2008，28(3)：1－6.

[19] 翟永梅. 城市震害预测和快速评估中高分辨率遥感技术的应用研究[D]. 上海：同济大学，2009.

[20] 张永生，巩丹超，等. 高分辨率遥感卫星应用[M]. 北京：科学出版社，2004.

[21] 赵福军. 遥感影像震害信息提取技术研究[D]. 中国地震局工程力学研究所，2010.

[22] 曾涛. 汶川地震重灾区多源影像处理及震害信息提取方法研究[D]. 成都：成都理工大学，2010.

[23] Adams B J, Mansouri B, Huyck C K. Streamlining post-earthquake data collection and damage assessment for the 2003 Bam, Iran earthquake using VIEWS (Visualizing Impacts of Earthquakes with Satellites)[J]. Earthquake Spectra, 2005, 21 (S1): 213－218.

[24] Akpinar B, Gülal E. Multisensor railway track geometry surveying system[J].

IEEE Transactions on Instrumentation and Measurement, 2011, 99: 1-8.

[25] Ali T A. New methods for positional quality assessment and change analysis of shoreline features[D]. The Ohio State University, 2003.

[26] Alobeid A, Jacobsen K, Heipke C. Comparison of matching algorithms for DSM generation in urban areas from IKONOS imagery [D]. Photogrammetric Engineering and Remote Sensing, 2010, 76 (9): 1041-1050.

[27] Ayache N, Faverjon B. Efficient registration of stereo images by matching graph descriptions of edge segments[J]. International Journal of Computer Vision, 1987, 1 (2): 107-131.

[28] Baltsavias E, Pateraki M, Zhang L. Radiometric and geometric evaluation of IKONOS geo images and their use for 3D building modeling[C]//In Proceedings of Joint ISPRS Workshop on High Resolution Mapping from Space, Hannover, 2001.

[29] Balz T, Liao M S. Building-damage detection using post-seismic high-resolution SAR satellite data[J]. International Journal of Remote Sensing, 2010, 31(13): 3369-3391.

[30] Birchfield S, Tomasi C. Depth discontinuities by pixel-to-pixel stereo[J]. International Journal of Computer Vision, 1999, 35 (3): 269-293.

[31] Blong R. A new Damage Index[J]. Natural Hazards, 2003, 30(1): 1-23.

[32] Brunner D, Lemoine G, Bruzzone L. Earthquake damage assessment of buildings using VHR optical and SAR imagery[J]. IEEE Transactions on Geoscience and Remote Sensing, 2010, 48(5): 2403-2420.

[33] Byrne G F, Crapper P F, Mayo K K. Monitoring land-cover change by principal component analysis of multitemporal Landsat data[J]. Remote Sensing of Environment, 1980, 10 (3): 175-184.

[34] Capaldo P, Crespi M, Fratarcangeli F, et al. High-resolution SAR radargrammetry: A first application with COSMO-SkyMed spotlight imagery[J]. IEEE Geoscience and Remote Sensing Letters, 2011, 8(6): 1100-1104.

[35] Capaldo P, Crespi M, Fratarcangeli F, et al. A radargrammetric orientation model and a RPCs generation tool for COSMO-SkyMed and TerraSAR-X High Resolution SAR[J]. Italian Journal of Remote Sensing, 2012, 44(1): 55 - 67.

[36] Chen P H, Dowman I J. Space intersection from ERS - 1 synthetic aperture radar images. Photogrammtry Record, 1996, 15(88): 561 - 573.

[37] Cheng F, Thiel K H. Delimiting the building heights in a city from the shadow in a panchromatic SPOT image-Part 1 — Test of forty two buildings [J]. International Journal of Remote Sensing, 1995, 16(3): 409 - 415.

[38] Chini M, Bignami C, Stramondob S, et al. Uplift and subsidence due to the December 26th, 2004, Indonesian earthquake and tsunami detected by SAR data [J]. International Journal of Remote Sensing, 2008, 29 (13): 3891 - 3910.

[39] Chini M, Cinti F R, Stramondo S. Co-seismic surface effects from very high resolution panchromatic images: the case of the 2005 Kashmir (Pakistan) earthquake[J]. Natural Hazards and Earth Systems Science, 2011, 11(3): 931 - 943.

[40] Chini M, Pierdicca N, Emery W J. Exploiting SAR and VHR optical images to quantify damage caused by the 2003 Bam earthquake[J]. IEEE Transactions on Geoscience and Remote Sensing, 2009, 47 (1): 145 - 152.

[41] Coburn A, Spence R. Factors determining human casualty levels in earthquakes: mortality prediction in building collapse[C]//In Proceedings of the 10 WCEE, Madrid, 1992.

[42] Cohen J, 1960. A coefficient of agreement of nominal scales[J]. Educational and Psychological Measurement, 1960, 20(1): 37 - 46.

[43] Congalton R. A review of assessing the accuracy of classifications of remotely sensed data[J]. Remote Sensing of Environment, 1991, 37(1): 35 - 46.

[44] Curlander J C. Location of spaceborne SAR imagery[J]. IEEE Transactions on Geoscience and Remote Sensing, 1982, 20(3): 359 - 364.

[45] Curlander J C. Utilization of Spaceborne SAR Data for Mapping[J]. IEEE

Transactions on Geoscience and Remote Sensing, 1984, 22(2): 106 - 112.

[46] Di K, Ma R, Li R. Rational functions and potential for rigorous sensor model recovery[J]. Photogrammetric Engineering and Remote Sensing, 2003, 69(1): 33 - 41.

[47] Dolan R, Hayden B, Heywood J. A new photogrammetric method for determining shoreline erosion[J]. Coastal Engineering, 1978, 2: 21 - 39.

[48] Dong H B, Easa S M, Li J. Approximate Extraction of Spiralled Horizontal Curves from Satellite Imagery[J]. Journal of Surveying Engineering, 2007, 133(1): 36 - 40.

[49] Dowman I, Dolloff J T. An evaluation of rational function for photogrammetric restitution[J]. International Archives of Photogrammetry and Remote Sensing, 2000, 33(B3): 254 - 266.

[50] Easa S M, Dong H B, Li J J. Use of satellite imagery for establishing road horizontal alignment[J]. Journal of Surveying Engineering, 2007, ASCE 133(1): 29 - 35.

[51] Easa S M, Wang F J. Fitting composite horizontal curves using the total least-squares method[J]. Survey Review, 2011, 43(319): 67 - 79.

[52] Ehrlich D, Guo H D, Molch K, et al. Identifying damage caused by the 2008 Wenchuan earthquake from VHR remote sensing data[J]. International Journal of Digital Earth, 2009, 2(4): 309 - 326.

[53] Estes J E, Stow D, Jensen J R. Monitoring land use and land cover changes[J]. Remote Sensing for Resource Management, Soil Conservation Society of America, Ankeny, 1982, IA: 100 - 110.

[54] Estrada M, Yamazaki F, Marsuoka M. Use of Landsat Images for the Identification of Damage due to the 1999 Kocaeli, Turkey Earthquake[C]//In Proceedings of 21st Asian Conference on Remote Sensing, Taipei, 2000.

[55] Forstner W. On the geometric precision of digital correlation[J]. International Archives of Photogrammetry, Remote Sensing and Spatial Information Sciences,

1982, 24 (3): 176 - 189.

[56] Fraser C S, Baltsavias E, Gruen A. Processing of Ikonos imagery for submetre 3D positioning and building extraction[J]. ISPRS Journal of Photogrammetry and Remote Sensing, 2002a, 56(3): 177 - 194.

[57] Fraser C S, Dial G, Grodecki J. Sensor orientation via RPCs[J]. ISPRS Journal of Photogrammetry and Remote Sensing, 2006, 60(3): 182 - 194.

[58] Fraser C S, Hanley H B. Bias compensation in rational functions for Ikonos satellite imagery[J]. Photogrammetric Engineering and Remote Sensing, 2003, 69(1): 53 - 57.

[59] Fraser C S, Hanley H B. Bias-compensated RFMs for sensor orientation of high-resolution satellite imagery[J]. Photogrammetric Engineering and Remote Sensing, 2005, 71(8): 909 - 915.

[60] Fraser C S, Hanley H B, Yamakawa T. Three-dimensional geopositioning accuracy of IKONOS imagery[J]. Photogrammetric Record, 2002b, 17(99): 465 - 479.

[61] Fraser C S, Ravanbakhsh M. Georeferencing accuracy of GeoEye-1 imagery[J]. Photogrammetric Engineering and Remote Sensing, 2009, 75 (6): 634 - 638.

[62] Furukawa A, Spence R, Ohta Y, et al. Analytical study on vulnerability functions for casualty estimation in the collapse of adobe buildings induced by earthquake[J]. Bulletin of Earthquake Engineering, 2010, 8(2): 451 - 479.

[63] Gamba P, Acqua F D, Trianni G. Rapid damage detection in Bam area using multitemporal SAR and exploiting ancillary data[J]. IEEE Transactions on Geoscience and Remote Sensing, 2007, 45(6): 1582 - 1589.

[64] Gamba P, Casciati F. GIS and image understanding for near-realtime earthquake damage assessment[J]. Photogrammetric Engineering and Remote Sensing, 1998, 64(10): 987 - 994.

[65] Grodecki J, Dial G. Block adjustment of high-resolution satellite images described by rational functions[J]. Photogrammetric Engineering and Remote

Sensing, 2003, 69(1): 59 - 68.

[66] Guo H, Lu L, Ma J, et al. An improved automatic detection method for earthquake-collapsed buildings from ADS40 image[J]. Chinese Science Bulletin, 2009, 54(18): 3303 - 3307.

[67] Gupta R, Hartley R. Linear pushbroom cameras[J]. IEEE Transactions on Pattern Analysis and Machine Intelligence, 1997, 19(9): 963 - 975.

[68] Gupta R P, Saraf A K, Saxena P, et al. IRS detection of surface effects of the Uttarkashi earthquake of 20 October 1991, Himalaya[J]. International Journal of Remote Sensing, 1994, 15 (11): 2153 - 2156.

[69] Hanley H B, Yamakawa T, Fraser C S. Sensor orientation for high-resolution satellite imagery[J]. International Archives of Photogrammetry, Remote Sensing and Spatial Information Sciences, 2002, 34 (Part 1): 69 - 75.

[70] Hikaru A T A. Earthquake casualty prediction and research [J]. Recent Developments in World Seismology, 1999, 3: 25 - 30.

[71] Hirschmüller H. Stereo vision in structured environments by consistent semiglobal matching[C]//In Proceedings of the IEEE Conference on Computer Vision and Pattern Recognition (CVPR'06), New York, 2006, 2: 2386 - 2393.

[72] Hirschmüller H. Stereo processing by semiglobal matching and mutual information [J]. IEEE Transactions on Pattern Analysis and Machine Intelligence, 2008, 30(2): 328 - 341.

[73] Howarth P J, Boasson E. Landsat digital enhancement for change detection in urban environments[J]. Remote Sensing of Environment, 1983, 13(2): 149 - 160.

[74] Jensen J R, Toll D L. Detecting residential land-use development at the urban fringe[J]. Photogrammetric Engineering and Remote Sensing, 1982, 48(4): 629 - 643.

[75] Kang Z. Epipolar image generation and corresponding point matching from coaxial vehicle-based images [C]//In Proceedings of ASPRS 2008 Annual

Conference, Oregon, 2008.

[76] Kim T. A study on the epipolarity of linear pushbroom images [J]. Photogrammetric Engineering and Remote Sensing, 2000, 66(8): 961 - 966.

[77] Kratky V. Rigorous stereophotogrammetric treatment of SPOT images. Comptes-rendus du Colloque International sur SPOT - 1: utilisation des images, bilans, résultats[J]. CNES, 1987, 1281 - 1288.

[78] Leberl F W. On model formation with remote sensing imagery [J]. Osterreichiches Zeitschrift fur Vermessungswesen, 1972, 2: 43 - 61.

[79] Leberl F W. Radargrammetric image processing Norwood: Artech House, 1990.

[80] Li P J, Xu H Q, Guo J C. Urban building damage detection from very high resolution imagery using OCSVM and spatial features[J]. International Journal of Remote Sensing, 2010, 31(13): 3393 - 3409.

[81] Li P J, Xu H Q, Song B Q. A novel method of urban road damage detection using very high resolution satellite imagery and road map[J]. Photogrammetric Engineering and Remote Sensing, 2011, 77(10): 1057 - 1066.

[82] Li R. Potential of high-resolution satellite imagery for national mapping products [J]. Photogrammetric Engineering and Remote Sensing, 1998, 64(2): 1165 - 1169.

[83] Li R, Deshpande S, Niu X, et al. Geometric integration of aerial and high-resolution satellite imagery and application in shoreline mapping[J]. Marine Geodesy, 2008, 31(3): 143 - 159.

[84] Li R, Liu J K, Felus Y. Spatial Modeling and Analysis for Shoreline Change Detection and Coastal Erosion Monitoring[J]. Journal of Marine Geodesy, 2001, 24 (1): 1 - 12.

[85] Li R, Ma R, Di K. Digital tide-coordinated shoreline[J]. Marine Geodesy, 2002, 25 (1 - 2): 27 - 36.

[86] Li R, Niu X T, Liu C, et al. Impact of imaging geometry on 3D geopositioning accuracy of stereo IKONOS imagery[J]. Photogrammetric Engineering and Remote

Sensing, 2009, 75 (9): 1119 - 1125.

[87] Li R, Zhou F, Niu X, et al. Integration of IKONOS and QuickBird imagery for geopositioning accuracy analysis[J]. Photogrammetric Engineering and Remote Sensing, 2007, 73(9): 1067 - 1074.

[88] Lillesand T M, Kiefer R W. Remote sensing and image interpretation[M]. New York: John Wiley & Sons Inc. , 2000.

[89] Liou Y A, Kar S K, Chang L Y. Use of high-resolution FORMOSAT - 2 satellite images for post-earthquake disaster assessment: a study following the 12 May 2008 Wenchuan Earthquake[J]. International Journal of Remote Sensing, 2010, 31(13): 3355 - 3368.

[90] Liu J N. Progress in deformation monitoring for dams, bridges and power lines [J]. Annals of GIS. , 2010, 16(2): 81 - 90.

[91] Lu H J, Kohiyama M, Horie K, et al. Building damage and casualties after an earthquake: relationship between building damage pattern and casualty determined using housing damage photographs in the 1995 Hanshin-Awaji earthquake disaster[J]. Natural Hazards, 2003, 29(3): 387 - 403.

[92] Maqsood S T, Schwarz J. Estimation of human casualties from earthquakes in Pakistan: an engineering approach[J]. Seismological Research Letters, 2011, 82 (1): 32 - 41.

[93] Matsuoka M, Yamazaki F. Use of satellite SAR intensity imagery for detecting building areas damaged due to earthquakes[J]. Earthquake Spectra, 2004, 20 (3): 975 - 994.

[94] Matsuoka M, Yamazaki F. Building damage mapping of the 2003 Bam, Iran, earthquake using Envisat/ASAR intensity imagery[J]. Earthquake Spectra, 2005, 21(S1): 285 - 294.

[95] Michalis P, Dowman I. A generic model for along track stereo sensors using rigorous orbit mechanics[J]. Photogrammetric Engineering and Remote Sensing, 2008, 74(3): 303 - 309.

[96] Morgan M. Epipolar resampling of linear array scanner scenes[D]. University of Calgary, 2004.

[97] Noguchi M, Fraser C S, Nakamura T, et al. Accuracy assessment of QuickBird stereo imagery[J]. Photogrammetric Record, 2004, 19(106): 128 - 137.

[98] Okada S, Pomonis A, Coburn A W, et al. Factors influencing casualty potential in buildings damaged by earthquakes[D]. Collaborative Report, Hokkaido University. 1991.

[99] Okamoto A. Orientation theory of CCD line-scanner images[J]. International Archives of Photogrammetry and Remote Sensing, 1988, 27(B3): 609 - 617.

[100] Okamoto A, Fraser C, Hattori S, et al. An alternative approach to the triangulation of SPOT imagery[J]. International Archives of Photogrammetry and Remote Sensing, 1998, 32(B4): 457 - 462.

[101] Poli D. A rigorous model for spaceborne linear array sensors [J]. Photogrammetric Engineering and Remote Sensing, 2007, 73(2): 187 - 196.

[102] Poli D, Zhang L, Gruen A. Orientation and automated DSM generation from SPOT - 5/HRS stereo images[C]//Proceedings of 25th ACRS Conference, Chiang Mai, 2004, 1: 190 - 195.

[103] Poon J, Fraser C, Zhang C, et al. Quality assessment of digital surface models generated from IKONOS imagery[J]. The Photogrammetric Record, 2005, 20(110): 162 - 171.

[104] Radke R J, Andra S, Al-Kofahi O, et al. Image change detection algorithms: a systematic survey[J]. IEEE Transactions on Image Processing, 2005, 14(3): 294 - 307.

[105] Raggam H, Gutjahr K, Perko R, et al. Assessment of the stereo-radargrammetric mapping potential of TerraSAR - X multi-beam spotlight data [J]. IEEE Transactions on Geoscience and Remote Sensing, 2010, 48(2): 971 - 977.

[106] Sahar L, Muthukumar S, French S P. Using aerial imagery and GIS in

automated building footprint extraction and shape recognition for earthquake risk assessment of urban inventories[J]. IEEE Transactions on Geoscience and Remote Sensing, 2010, 48 (9), 3511 - 3520.

[107] Saito K, Spence R J, Going C, et al. Using high-resolution satellite images for post-earthquake building damage assessment: a study following the 26 January 2001 Gujarat earthquake[J]. Earthquake Spectra, 2004, 20(1): 145 - 170.

[108] Sakamoto M, Lu W, Wang P, et al. A new stereo matching approach using edges and nonlinear matching process objected for urban area[J]. Geographic Information Sciences, 2001, 7(2): 79 - 89.

[109] Sakai S, Coburn A, Spence R. Human casualties in building collapse: literature review[J]. Martin Centre for Architectural and Urban Studies, University of Cambridge, 1990, 1 - 112.

[110] Samardjieva E, Badal J. Estimation of the expected number of casualties caused by strong earthquakes[J]. Seismological Research Letters, 2002, 92(6): 2310 - 2322.

[111] Schmid C, Zisserman A. Automatic line matching across views//[C] In Proceeding of IEEE Conference on Computer Vision and Pattern Recognition, Puerto Rico, 1997: 666 - 671.

[112] Schwarz J, Raschke M, Maiwald H. Comparative seismic risk studies for German earthquake regions on the basis of the European macroseismic scle EMS - 98[J]. Natural Hazards, 2006, 38(1 - 2): 259 - 282.

[113] Sertel E, Kaya S, Curran P J. Use of semivariograms to identify earthquake damage in an urban area[J]. IEEE Transactions on Geoscience and Remote Sensing, 2007, 45(6): 1590 - 1594.

[114] Setan H, Sing R. Deformation analysis of a geodetic monitoring network[J]. Geomatica, 2001, 55(3): 333 - 346.

[115] Shepard J R. A concept of change detection[J]. Photogrammetric Engineering, 1964, 30(4): 648 - 651.

[116] Shigeyuki O. Classifications of structural types and damage patterns of buildings for earthquake field investigation [J]. Journal of Structural and Construction Engineering, 1999, 524: 65 - 72.

[117] Singh A. Digital change detection techniques using remotely-sensed data[J]. International Journal of Remote Sensing, 1989, 10(6): 989 - 1003.

[118] So E, Spence R. Estimating shaking-induced casualties and building damage for global earthquake events: a proposed modelling approach [J]. Bulletin of Earthquake Engineering, 2012, 11(1): 1 - 17.

[119] Sohn H G, Kim G H, Heo J. Road change detection algorithms in remote sensing environment [C]//In proceedings of the International Conference on Intelligent Computing (ICIC 2005), Hefei, 2005(2): 821 - 830.

[120] Story M, Congalton R G. Accuracy assessment: A user's perspective [J]. Photogrammetric Engineering and Remote Sensing, 1986, 52(3): 397 - 399.

[121] Stramondo S, Bignami C, Chini M, et al. Satellite radar and optical remote sensing for earthquake damage detection: results from different case studies[J]. International Journal of Remote Sensing, 2006, 27(20): 4433 - 4447.

[122] Su J, Bork E. Influence of vegetation, slope and lidar sampling angle on DEM accuracy[J]. Photogrammetric Engineering and Remote Sensing, 2006, 72 (11): 1265 - 1274.

[123] Tao C V, Hu Y. A comprehensive study of the rational function model for photogrammetric processing [J]. Photogrammetric Engineering and Remote Sensing, 2001, 67(12): 1347 - 1357.

[124] Tao C V, Hu Y. 3D reconstruction methods based on the rational function model[J]. Photogrammetric Engineering and Remote Sensing, 2002, 68(7): 705 - 714.

[125] Tao C V, Hu Y, Jiang W. Photogrammetric exploitation of IKONOS imagery for mapping applications[J]. International Journal of Remote Sensing, 2004, 25 (14): 2833 - 2853.

[126] Tertulliani A, Arcoraci L, Berardi M, et al. An application of EMS98 in a medium-sized city: the case of L'Aquila (Central Italy) after the April 6, 2009 Mw 6.3 earthquake[J]. Bulletin of Earthquake Engineering, 2011, 9(1): 67-80.

[127] Tikhonov A N, Arsenin V Y. Solutions of Ill-Posed Problems[M]. Washington: Winston & Sons, 1977.

[128] Tong X H, Hong Z H, Liu S J et al. Building-damage detection using pre-and post-seismic high-resolution IKONOS satellite stereo imagery: a case study of the May 2008 Wenchuan Earthquake[J]. ISPRS Journal of Photogrammetry and Remote Sensing, 2012, 68(2): 13-27.

[129] Tong X H, Lin X F, Feng T T, et al. Use of shadows for detection of earthquake-induced collapsed buildings in high-resolution satellite imagery[J]. ISPRS Journal of Photogrammetry and Remote Sensing, 2013, 79(2): 53-67.

[130] Tong X H, Liu S J, Weng Q H. Geometric processing of QuickBird stereo imageries for urban land use mapping: a case study in Shanghai, China[J]. IEEE Journal of Selected Topics in Applied Earth Observations and Remote Sensing, 2009, 2(2): 61-66.

[131] Tong X H, Liu S J, Weng Q H. Bias-corrected rational polynomial coefficients for high accuracy geo-positioning of QuickBird stereo imagry[J]. ISPRS Journal of Photogrammetry and Remote Sensing, 2010a, 65(2): 218-226.

[132] Tong X H, Meng X L, Ding K L. Estimating Geometric Parameters of Highways and Railways Using Least-squares Adjustment[J]. Survey Review, 2010(b), 42(318): 359-374.

[133] Toutin T. Error tracking in Ikonos geometric processing using a 3D parametric model[J]. Photogrammetric Engineering and Remote Sensing, 2003, 69(1): 43-51.

[134] Toutin T. DTM generation from IKONOS in-track stereo images using a 3D physical model[J]. Photogrammetric Engineering and Remote Sensing, 2004a,

70(6): 695 - 702.

[135] Toutin T. DSM generation and evaluation from QuickBird stereo imagery with 3D physical modelling[J]. International Journal of Remote Sensing, 2004b, 25(22): 5181 - 5192.

[136] Toutin T. Review article: geometric processing of remote sensing images: models, algorithms and methods[J]. International Journal of Remote Sensing, 2004c, 25(10): 1893 - 1924.

[137] Toutin T. Comparison of 3D physical and empirical models for generating DSMs from stereo HR images[J]. Photogrammetric Engineering and Remote Sensing, 2006a, 72(5): 597 - 604.

[138] Toutin T. Generation of DSMs from SPOT-5 in-track HRS and across-track HRG stereo data using spatiotriangulation and autocalibration[J]. ISPRS Journal of Photogrammetry and Remote Sensing, 2006b, 60(3): 170 - 181.

[139] Toutin T. Spatiotriangulation with multisensor HR stereo-images[J]. IEEE Transactions on Geoscience and Remote Sensing, 2006c, 44(2): 456 - 462.

[140] Toutin T. Impact of RADARSAT - 2 SAR ultrafine-mode parameters on stereo-radargrammetric DEMs[J]. IEEE Transactions on Geoscience and Remote Sensing, 2010, 48(10): 3816 - 3823.

[141] Toutin T, Chenier R. 3 - D radargrammetric modeling of RADARSAT - 2 ultrafine mode: Preliminary results of the geometric calibration[J]. IEEE Transactions on Geoscience and Remote Sensing Letter, 2009, 6(3): 611 - 615.

[142] Triggs B, Bendale P. Epipolar constraints for multiscale matching[C]// Proceedings of the 21st British Machine Vision Conference. Ceredigion: Aberystwyth University, 2010.

[143] Tupin F, Roux M. Markov random field on region adjacency graph for the fusion of SAR and optical data in radargrammetric applications[J]. IEEE Transactions on Geoscience and Remote Sensing, 2005, 43(8): 1920 - 1928.

[144] Turker M, Cetinkaya B. Automatic detection of earthquake-damaged buildings

using DEMs created from pre-and post-earthquake stereo aerial photographs[J]. International Journal of Remote Sensing, 2005, 26(4): 823 - 832.

[145] Turker M, San B T. Detection of collapsed buildings caused by the 1999 Izmit, Turkey earthquake through digital analysis of post-event aerial photographs[J]. International Journal of Remote Sensing, 2004, 25(21): 4701 - 4714.

[146] Turker M, Sumer E. Building-based damage detection due to earthquake using the watershed segmentation of the post-event aerial images[J]. International Journal of Remote Sensing, 2008, 29(11): 3073 - 3089.

[147] Vu T T, Ban Y. Context-based mapping of damaged buildings from high-resolution optical satellite images[J]. International Journal of Remote Sensing, 2010, 31(13): 3411 - 3425.

[148] Wang J, Di K, Ma R, et al. Evaluation and improvement of geo-positioning accuracy of IKONOS stereo imagery[J]. Journal of Surveying Engineering, 2005, 131(2): 35 - 42.

[149] Wick E, Baumann V, Jaboyedoff M. Report on the impact of the 27 February 2010 earthquake (Chile, M-w 8.8) on rockfalls in the Las Cuevas valley, Argentina[J]. Natural Hazards and Earth System Sciences, 2010, 10(9): 1989 - 1993.

[150] Winter M, Osmers I, Krieger S. Trauma surgery catastrophe aid following the earthquake in Haiti 2010: a report on experiences[J]. Unfallchirurg, 2011, 114: 79 - 84.

[151] Wong K W. Basic mathematics of photogrammetry In Manual of Photogrammetry[M]. Falls Church: ASP Publishers, 1980: 37 - 101.

[152] Xie L L, Ma Y H, Hu J J. A conception of casualty control based seismic design for buildings[J]. Natural Hazards, 2007, 40(2): 279 - 287.

[153] Yamazaki F, Yano Y, Matsuoka M. Visual damage interpretation of buildings in Bam city using QuickBird images following the 2003 Bam, Iran, Earthquake [J]. Earthquake Spectra, 2005, 21(S1): 329 - 336.

[154] Yonezawa H A, Takeuchi S. Decorrelation of SAR data by urban damage caused by the 1995 Hoyogoken-Nanbu earthquake[J]. International Journal of Remote Sensing, 2001, 22(8): 1585 - 1600.

[155] Zhang L, Liu X, Li Y, et al. Emergency medical rescue efforts after a major earthquake: lessons from the 2008 Wenchuan earthquake[J]. The Lancet, 2012c, 379(9818): 853 - 861.

[156] Zhang G, Fei W B, Li Z, et al. Evaluation of the RPC model for spaceborne SAR imagery[J]. Photogrammetric Engineering and Remote Sensing, 2010 76 (6): 727 - 733.

[157] Zhang G, Qiang Q, Luo Y, et al. Application of RPC Model in Orthorectification of Spaceborne SAR Imagery[J]. The Photogrammetric Record, 2012a, 27(137): 94 - 110.

[158] Zhang L, Balz T, Liao M S. Rational function modeling for spaceborne SAR datasets[J]. ISPRS Journal of Photogrammetry and Remote Sensing, 2011, 66 (1): 133 - 145.

[159] Zhang L, Balz T, Liao M S. Satellite SAR geocoding with refined RPC model [J]. ISPRS Journal of Photogrammetry and Remote Sensing, 2012b, 69(3): 37 - 49.

后记

本书是根据我的博士论文撰写而成，是在我的导师童小华教授指导下完成的。本书于2011年9月开始酝酿、构想，并在导师童小华教授指导下进一步明确了本书的主题和框架，初稿形成后，导师又数次提出了修改意见，对每一个部分的理论依据、实验数据、实验流程到实验结果分析均严格要求，其对科研严谨的治学态度令我受益匪浅、其对学术追求完美的至高境界让我望尘莫及，虽然求学过程中遇到困难时也曾彷徨，但在导师的鼓励下终跨过艰难险阻，让我深深懂得做学问的深浅和对科研的敬畏。在此，特别感谢导师对我悉心的指导，使我能够顺利完成此著。

感谢测绘与地理信息学院的刘妙龙教授，他不仅教会我治学方法，还有做人道理。老先生的豁达与开明令人敬仰。

感谢中国矿业大学的郭达志教授和东华理工大学的周世健教授，是他们热情的推荐使我有幸能来到同济大学攻读博士学位。

感谢俄亥俄州立大学的李荣兴教授对我学术之路的多次耐心指导和鼓励，与大师的坦诚交流让我受益终生。

感谢同济大学医学院的姜成华教授，冯铁男博士后，与他们共同完成的高分辨率卫星遥感应用于医学救援的部分研究开拓了我的学术视野。

感谢北京交通大学的杨松林教授，中国地震台网中心的李正媛研究员,同济大学测绘与地理信息学院的王卫安教授、鲍峰教授、周炳中教授对课题项目提供的指导和有益的建议。

感谢课题组的周德意副教授、张松林副教授、陈鹏副教授、谢欢博士、刘世杰博士、冯甜甜博士,他们给予我很多生活、学习上的帮助。感谢所有课题组其他的兄弟姐妹陪伴我度过了无数个成长、欢乐的日子。

感谢我的爱人 5 年来给予我的支持与鼓励,感谢她送给我最美的天使,女儿的诞生让我有幸成为父亲,感谢她为我所做的一切。

感谢我的父亲,虽然他没能看到儿子拿到博士学位的荣耀,但希望他泉下亦能欣慰;感谢我的母亲,任劳任怨的付出。是他们养育了我,让我有机会受到优越的高等教育。

感谢中科院对地观测与数字地球科学中心提供的都江堰实验区 0.5 米航片。

洪中华